Barbara Messer
Wir brauchen andere Trainings!

Barbara Messer

WIR BRAUCHEN ANDERE TRAININGS!

Wie wir Menschen in Unternehmen
weiterbilden können

Externe Links wurden bis zum Zeitpunkt der Drucklegung des Buches geprüft.
Auf etwaige Änderungen zu einem späteren Zeitpunkt hat der Verlag keinen Einfluss.
Eine Haftung des Verlags ist daher ausgeschlossen.

Bibliografische Information der Deutschen Nationalbibliothek

Die Deutsche Nationalbibliothek verzeichnet diese Publikation
in der Deutschen Nationalbibliografie; detaillierte bibliografische Daten
sind im Internet über http://dnb.d-nb.de abrufbar.

ISBN 978-3-86936-936-5

Lektorat: Sabine Rock, Frankfurt am Main | www.druckreif-rock.de
Umschlaggestaltung: Martin Zech, Bremen | www.martinzech.de
Autorenfoto: Henrik Pfeifer
Satz und Layout: Das Herstellungsbüro, Hamburg | www.buch-herstellungsbuero.de
Druck und Bindung: Salzland Druck, Staßfurt

Wir drucken in Deutschland!

www.gabal-verlag.de
www.facebook.com/Gabalbuecher
www.twitter.com/gabalbuecher

PEFC zertifiziert
Dieses Produkt stammt aus nachhaltig
bewirtschafteten Wäldern und kontrollierten
Quellen.

www.pefc.de

Inhaltsverzeichnis

1. Um was geht es? Einleitung

> *»Als Hirnforscher muss ich sagen: Dass wir für Geld
> arbeiten, war die dümmste Idee, die wir in unserer
> Menschheitsgeschichte entwickeln konnten.«*[1]
> GERALD HÜTHER

»New Training«. Oder: »New Learning«. Irgendetwas mit New oder agil oder 0. Oder X. So müsste es eigentlich heißen, dieses Buch. Unsere Arbeitswelt wandelt sich enorm – also sollte sich auch die interne Weiterbildung in den Unternehmen wandeln. Die **Digitalisierung** verändert tagtäglich unser (Arbeits-)Leben und damit auch die Bildungs- und Lernmöglichkeiten. In den Unternehmen bilden wir Menschen aus, ohne konkret zu wissen, wie ihr Arbeitsplatz in nur wenigen Jahren aussehen wird. Das Wissen wandelt sich gefühlt minutenschnell – herkömmliche Bildungs- und Trainingskonzepte sind zu langsam und werden (hoffentlich) von individuellen Bildungskonzepten abgelöst: maßgeschneidert, gegebenenfalls adaptiv, leichtfüßig und nutzerfreundlich, motivierend, ökonomisch, flexibel.

Auch unsere Gesellschaft ist Veränderungen unterworfen – die individuelle Persönlichkeitsentwicklung wird immer wichtiger. Die meisten klassischen Bildungskonzepte sind dafür jedoch ungeeignet: Sie bilden keine klugen, erfahrenen, zur Selbstreflexion fähigen Menschen aus und weiter. Die Fehler der schulischen Bildung werden in der betrieblichen Bildung oft genug weitergeführt. Das Fachwissen, auf dessen Vermittlung sich die Schule bislang konzentriert hat, ist, überspitzt gesagt, passé. Schließlich können wir doch alles googeln – und tun das auch. Aber: Sind die wesentlichen Antworten auf das Leben tatsächlich in den Suchmaschinen zu finden?

Schließlich sollte doch etwas hängen bleiben – ein Wissen, das sofort wieder vergessen wird, bringt uns nicht weiter. Ergo: Wir benötigen Wissen, das wir so verinnerlicht haben, dass es uns zur Verfügung steht, wenn wir es brauchen.

Dieses Buch will Ihnen neue Antworten auf viele der Fragen geben, die mit dem viel beschworenen Wandel einhergehen. Und es stellt das Bisherige kühn infrage. Es gibt Ihnen das nötige Werkzeug an die Hand, das Sie für das aufregende Thema Weiterbildung in Ihrem Unternehmen brauchen. Sie dürfen also weiter wandeln, die Ärmel hochkrempeln und nach vorne schauen.

Sie werden beim Lesen (und sicherlich in Ihrem Arbeitsalltag) auf viele Stichworte aus der neuen Arbeitswelt stoßen: New Work, New Learning, Working Out Loud (WOL), der Upstalsboom Weg, agiles Arbeiten, Corporate Learning & Co. Immer klingt es nach Veränderung und Neuem. Der Wendepunkt zu diesen neuen Arbeitskonzepten liegt bereits hinter uns, auch wenn es noch nicht alle bemerkt haben. Wir können nur so weit sehen, wie wir den Kopf heben können. Alles, was diese neue VUCA-Welt angeht, können wir nicht erkennen und vor allem nicht beurteilen.

VUCA – das steht für **Volatilität** (Unbeständigkeit), **Unsicherheit**, **Complexity** (Komplexität) und **Ambiguität** (Mehrdeutigkeit). Dabei ist eines ganz sicher: »Die Ungewissheit (Unplanbarkeit) ist die stärkste Gewissheit, und so langsam wie jetzt wird die Entwicklung wohl nie wieder sein!«[2]

Dieses Buch will provozieren, es will eine Wende einläuten, den Weg bereiten und alles durcheinanderbringen. Disruption, das Zerschlagen des Bisherigen, ist nicht umsonst ein zentraler Begriff unserer Zeit. Er gilt auch für die recht behäbige Trainingswelt, in der Überflüssiges wegfallen und das tiefe Anliegen wieder im Mittelpunkt stehen muss. Ohne ein radikales Um- und Andersdenken werden wir nicht weiterkommen. Wir lösen die Probleme, die wir jetzt haben, nicht mit den Mitteln, dem Wissen und der Haltung, mit denen wir sie geschaffen haben.

Trainings, die inhaltlich tagelang an der Oberfläche dümpeln und sich um die allgemeinen Soft-Skill- und Kommunikationsthemen ranken, werden Menschen wohl kaum dazu bringen, grundlegend anders zu denken und zu handeln. Und sie vermitteln auch nicht die Fähigkeiten, die wir in Zukunft immer mehr brauchen werden.

Die Entscheiderinnen und Entscheider in den Unternehmen brauchen Ratgeberinnen und Ratgeber*, die sich in ihren Disziplinen meisterhaft auskennen und wissen, wie das Neue in Form von Bildung ausgerollt werden kann – so, dass es einen Mehrwert hat. Sie sollten uns einen Lern- und Entwicklungsraum ermöglichen, in dem wir neu denken können. Wer als Trainerin oder Trainer so weit kommen möchte, braucht das entsprechende Rollenverständnis, eine Mission, Mut, Wissen und Kompetenz.

Eine Trainingsabteilung, deren Mitarbeiter und vor allem Chefs nur eine punktuelle Wissensübersicht haben und nicht agil sind, darf keinesfalls darüber entscheiden, wie Bildung und Weiterentwicklung im Unternehmen gelebt wird – ihr Horizont ist einfach zu klein.

Menschen zu einem anderen Verhalten zu bewegen und davon zu überzeugen, geschieht nicht durch öde Standardtrainings – es geschieht durch Einsicht, durch intrinsische Motivation. Es braucht eine emotionale Erschütterung – einen Aufruhr. Lernende, die ihre Neugier wiederentdecken, sind Gold wert. Sie bringen dem Unternehmen Wissen und Energie, eine Haltung, die Bisheriges und vor allem Festgefahrenes infrage stellt, sie stärken das Unternehmen und sind ein Garant für seine Weiterentwicklung. Doch genau das möchten viele der leider oft sehr behäbigen Personalabteilungen nicht.

Vielleicht bin ich eine Kassandra, die ruft. Doch es fällt mir mit jedem Jahr schwerer, einfach nur zuzuschauen, wie zig Millionen Euro für überflüssige oder unsinnige Bildungsmaßnahmen ausgegeben werden – statt auf einer Ebene zu arbeiten, auf der wirklich etwas Neues vorangebracht wird, zum Beispiel:

- Eine agile Haltung und eine tief greifende Kooperation
- Ein werteorientiertes Miteinander
- Die Weiterentwicklung von Fähigkeiten und Kompetenzen, die zeitgemäß sind
- Eine hochwertige Fachlichkeit
- Die Entwicklung von sinnstiftenden Aufgaben und Aktivitäten
- Eine Weiterentwicklung, die auch das Gemeinwohl im Blick hat

---

* In diesem Buch sollen sich alle angesprochen fühlen. Da mir Dogmen fernliegen, habe ich mich für eine spielerische Form des Genderns entschieden. Mal nutze ich die weibliche Form, mal die männliche, mal die allgemeine / neutrale, wenn es sich anbietet – und hoffe auf die gedankliche Flexibilität meiner Leserinnen und Leser!

Dafür braucht es Lehrmeisterinnen, die selbst über all das verfügen, was die Menschen lernen sollen, und die wissen, wie sie diesen Menschen hochkarätige Lernprozesse ermöglichen können. Und es braucht Trainingskonzepte, die Ressourcen bündeln und schonen.

Die Zukunftsfähigkeiten, das sind unter anderem Kreativität, kritisches Denken, Kommunikationsstärke und der Wille zur Kollaboration. Diese vier Fähigkeiten sollen helfen, unsere Ambiguitätstoleranz zu stärken – und die braucht es, um mit den vielen Unterschiedlichkeiten der Menschen (z. B. auf der kulturellen Ebene), mit denen wir zusammenleben und -arbeiten, zurechtzukommen.

Wichtig ist meiner Meinung nach außerdem die Sensibilität, die persönliche Durchlässigkeit. Und es geht auch um eine Sicht auf die Zusammenhänge und Werte: Wenn wir es nicht schaffen, dort hinzuschauen, wo die Menschen das ausbaden, was wir verursachen, dann fehlt es an globalem Denken und Verantwortungsbewusstsein. Wir müssen uns berühren lassen von dem, was wir »anrichten«, aber natürlich auch von den positiven Auswirkungen unseres Tuns und Wirkens.

Wir brauchen die Fähigkeit zu kollaborieren, denn je größer die wechselseitigen Abhängigkeiten auf dieser Welt sind, desto wichtiger ist die Zusammenarbeit zwischen uns Menschen und Völkern. Wertvolle Ideen und Innovationen entstehen nicht mehr allein am Schreibtisch, im Bastelkeller oder in der berüchtigten Garage, sie profitieren von vernetztem Wissen. Im Idealfall kommen wir zu einem ethischen Bewusstsein, wie es Gerald Hüther einmal beschrieben hat: »Wir müssen Formen finden, wie wir unser Zusammenleben so organisieren, dass wir nicht mehr so viel Energie verbrauchen, dass wir endlich die Ressourcen dieser Erde zu schätzen wissen und dass wir die Vielfalt des Lebendigen wieder wahren.«[3]

Wie kann eine solche Haltung in die Welt der Unternehmen Einlass finden? Das, was bisher Training hieß, bietet dafür wertvolle Möglichkeiten: Einflüsse von außen, Weiterentwicklung, Perspektivenwechsel, Inspiration. Neue Räume und Formen der Begegnung.

Dafür brauchen wir besondere Menschen: Menschen, die uns als Modell oder besser Vorbild dienen, wie das gelingen kann, und die uns eben jene Fähigkeiten zeigen und vorleben, die wir jetzt und zukünftig brauchen. Wir brauchen besondere Momente, Zeiten und Ereignisse während der Veränderung eines Unternehmens, die alles zum Drehen bringen. Und wir brauchen Bildungskonzepte, die punktgenau das ermöglichen, was gebraucht wird. Dazu gehören auch diese Magic Moments – Ereignisse, die alle Beteiligten mitnehmen, emotionale Erschütterungen, die im positiven Sinne Spuren hinterlassen und die der Anfang des Neuen und der Transformation sind.

Ganz klar, solche Veränderungen und Umstrukturierungen der Arbeitswelt ziehen sowohl Hoffnungen als auch Ängste nach sich, denn die Menschen können die Auswirkungen auf sich und ihr Leben noch nicht ausreichend einschätzen. Viele Menschen fragen sich beispielsweise, wie sie die immer weiter verschwimmende Grenze zwischen Arbeit und Privatleben leben können. Und wie kann es gelingen, die Arbeit theoretisch von jedem Ort der Welt aus zu tun?

Auch die Präsenz in den sozialen Medien erschwert eine Abgrenzung zwischen Arbeit und Privatsphäre, insbesondere dann, wenn die beruflichen und privaten Kanäle auf einem Handy zusammenlaufen. Während sich jemand gerade privat auf seiner Facebook-Seite umschaut, kommen noch E-Mails herein, die beruflicher Natur sind. Es ist schwer, damit einen gesunden Umgang zu finden. Und auch dieser Aspekt hat mit der Qualität der innerbetrieblichen Weiterbildung zu tun: Schließlich sind die persönliche Entwicklung von Menschen, der Erhalt ihrer Leistungsfähigkeit und eine ausreichende Work-Life-Balance ebenso wichtig wie ihr Fachwissen.

Eines ist sicher: Das Lernen im Unternehmen ist maßgeblich für den Erfolg des Unternehmens und der Mitarbeitenden. Lernen, Weiterbildung und Weiterentwicklung sind der Motor, um neues Wissen zu erzeugen und zu implementieren, es also nutzbar zu machen. Sie sind die Grundlage für viele Entscheidungen und Verbesserungen und der Quellcode der Kompetenzerweiterung – von Einzelnen, von Teams und dem gesamten Unternehmen.

Lernen als Prinzip und Haltung führt zum Kern persönlicher Weiterentwicklung, dem lebenslangen Lernen. Eine Weiterbildung auf der Höhe der Zeit hat aber natürlich auch rein wirtschaftliche Vorteile: Sie verbessert die Geschäftsergebnisse, steigert und fördert die Effizienz und Produktivität und ermöglicht sprunghafte Wettbewerbsvorteile.

Eine von vielen guten Nachrichten: 60 Prozent aller Mitarbeitenden würden sich gerne mehr weiterbilden – das besagt eine Studie, die die Haufe Akademie mit dem Marktforschungsunternehmen Forsa bei 1018 Angestellten durchgeführt hat. Dabei stehen Seminare und Tagungen hoch im Kurs.[4]

Gerade in herausfordernden Zeiten und schwierigen Bereichen hilft eine moderne Weiterbildung, gute (Geschäfts-)Ergebnisse zu erzielen:

◆ Schlüsselpositionen können besser herausgearbeitet, gefördert, entwickelt und gestärkt werden.
◆ Die vielfältigen Change-Management-Prozesse, Fusionen, Restrukturierungen und Produkteinführungen können optimal begleitet werden. Dafür ist eine zeitgemäße Weiterbildung Antrieb, Schmierstoff und Katalysator zugleich.

So wie sich die Arbeitswelt in New Work wandelt, sollte sich auch das Lernen wandeln, sperrige Konzepte sollten aufgebrochen und ersetzt werden: durch Corporate Learning, agile Blended-Learning-Konzepte und neue Formen und Dimensionen, in denen Lernen gestaltet wird und geschieht. Dazu später mehr.

Das Konzept des lebenslangen Lernens birgt ungemein viel Potenzial in sich. Jeder sollte diesen Weg gehen. Nur so haben wir die Chance, uns für das Jetzt und die teilweise sehr ungewisse Zukunft zu rüsten. Machen wir uns fit für den Wandel – das geschieht durch Lernen.

Doch sind die Möglichkeiten zu lernen so vielfältig geworden, dass wir sie als einzelne Menschen gar nicht wirklich überblicken können – das gilt auch für Führungskräfte, die über das Weiterbildungskonzept in ihrem Unternehmen entscheiden oder diesen Prozess delegieren. Genau für sie wurde dieses Buch geschrieben. Ein wirksames Learning- oder Bildungskonzept in Unternehmen unterstützt sinnvollerweise nicht nur das Faktenlernen und die Vermittlung von purem Wissen, es bezieht die persönliche Weiterentwicklung der Mitarbeitenden ein. So kann das Unternehmen seine Beschäftigten weitaus mehr als starke Partner in den zukünftigen Veränderungsprozessen sehen und auch halten.

Was braucht es? Die Thesen

*»Wenn wir jedem Achtjährigen der Welt Meditation
beibringen, werden wir innerhalb einer Generation
Gewalt aus der Welt bringen.«*[5]
DALAI LAMA

Schon seit meiner Kindheit fasziniert mich dieses Bild: Ich stelle mir
vor, wie Martin Luther seine wohlbedachten Thesen an die Kirchentür
in Wittenberg nagelt. Ein weltbewegender Moment mit jahrhunderte-
langen Folgen. Diese Reichweite werden meine Thesen wohl nicht haben, doch auch ich habe sie monatelang vorbereitet und voller Überzeugung zu Papier gebracht, damit sie gehört und gelesen werden.

Kommen Ihnen die folgenden Situationen bekannt vor?

◆ Sie sitzen zum Jahresende in einer Schulung, weil das Fort-
bildungsbudget noch verbraucht werden muss. Dementsprechend
läuft die Fortbildung auch ab – Standardprogramm ohne Extras.
Vermutlich denken Sie, dass Sie sich diesen Tag hätten sparen
können. Und sicher haben Sie damit recht.

◆ Sie sitzen in einem Training und stellen nach wenigen Minuten
fest, dass der in den ersten Stunden angesprochene Stoff Ihnen
bereits bekannt und vertraut ist.

◆ Sie sitzen in einer Stadthalle und vorne steht ein Motivations-
trainer, der Sie auf Ihr nächstes persönliches Level bringen möchte. Sie sind umgeben von Tausenden von Menschen und sind hin-
und hergerissen zwischen Faszination und Abscheu – im Laufe
des Tages wird Ihnen zu allem Überfluss noch ein Seminarpaket
verkauft, das es »nur heute zum Sonderpreis« gibt.

Oder würden Sie gerne einmal so etwas erleben?

◆ Sie sitzen in einem Training und spüren von der ersten Minute an, dass Sie beteiligt sind – nichts ist wie bisher. Alles ist faszinierend und Sie sind einfach nur noch neugierig auf das, was kommt.
◆ Sie können überall, wo Sie sich gerade aufhalten, mit dem Handy oder Tablet lernen. Das Wissen ist in bekömmlichen Portionen aufbereitet und die Stoffmenge und Wissenserweiterung passen haargenau zu Ihrem Kompetenzlevel.
◆ Sie antworten tatsächlich ehrlich, wenn der Trainer die Moderationskarten für die Erwartungsabfrage austeilt.

Was ist das Ergebnis von Bildung? Sollte es nicht die Fähigkeit und die Haltung sein, als global denkender Erdenbürger zu agieren? Sollte Bildung nicht für Türen stehen, die sich öffnen, für erreichte Lernziele, für Qualität?

Wenn eine der großen Aufgaben von Bildung darin besteht, die junge Generation ethisch auszustatten, dann müssen diese Werte und ethischen Prinzipien in den Lernsettings erlebbar sein. Denn wir lernen durch Wahrnehmen und Beobachten, Bewerten und Imitieren. Unsere neurodidaktische Struktur merkt sofort, wenn man uns etwas vormacht, wenn etwas nicht glaubwürdig ist. Es braucht also kongruente Lehrmeisterinnen.

Trainings haben meist diese Ziele:

◆ Mehr Umsatz und Wachstum
◆ Bessere Performance der Mitarbeiter
◆ Zufriedene Kunden
◆ Motivierte Mitarbeiter
◆ Optimale Qualität von Produkten etc.
◆ Neue Lösungen für jedwedes Problem

Wenn man sich anschaut, welche Zielsetzungen umfangreiche Trainings haben, die oft immer wieder bei null anfangen, dann wird rasch deutlich, wie sehr hier Zeit, Motivation, Geld und andere kostbare Ressourcen verschwendet werden. Umdenken und Umplanen ist angesagt.

Ja, wir brauchen noch Trainings, aber andere! Die Zeit der langatmigen Basisschulungen ist vorüber, es braucht Lernsituationen, in denen etwas im positiven Sinne »Erschütterndes« passiert. Die neuen, anderen Trainings strotzen vor Energie – und sie werden sorgfältig vorbereitet. So entstehen Gruppen mit Teilnehmenden, die auf gleicher Kompetenzstufe sind und ein ähnliches Wissenslevel haben.

Laut Mattias Schwarz, Senior Vice President EMEA von Berlitz Deutschland, findet trotz der wachsenden Beliebtheit von Onlineseminaren gerade eine Renaissance der Präsenztrainings statt[6], weil es Themen gibt, die auf diese Weise besser zu vermitteln sind – zum Beispiel, wenn es um bestimmte Verhaltensweisen geht und das direkte Feedback des Trainers wichtig ist. Diese Rückmeldung ist zwar auch im digital gestützten Video-Feedback möglich, hat aber »live« noch einmal eine ganz andere Tiefe. Für beide Formen ist die individuelle Vorbereitung unumgänglich – und wenn digital, dann ebenso hochwertig wie die analoge Form. Lernen kann immer Freude machen, und Freude ist wesentlich für einen nachhaltigen, erfolgreichen Lernprozess.

Jetzt und zukünftig geht es darum, kollaborativ und global zu denken und zu agieren; wir müssen unsere Kommunikationsstärke und Teamfähigkeit trainieren. Trainings, die sich diesen »weichen« Themen widmen, müssen bleiben. Sie brauchen aber punktuell den Spirit von Mikrotrainings – schnell, effizient und wirksamer denn je.

Was es dazu braucht, lässt sich im Prinzip an einer Hand abzählen. Hier kommen die fünf Thesen:

Wir brauchen andere Settings und Methoden

Wir alle kennen das Standardsetting eines normalen Trainings: Bereits vor dem Seminarraum ist Musik zu hören, die uns in gute Laune versetzen und zu Anfang entspannen soll (mittlerweile gibt es in einigen Methodenbüchern sogar Playlists – die sich jedoch meist nicht am Musikgeschmack der Millennials orientieren). Dann betreten wir den Raum und sehen den Stuhlkreis. Wer befürchtet hat, in einer Psychogruppe gelandet zu sein, beruhigt sich beim Anblick des Beamers auf dem kleinen Wagen in der Mitte des Stuhlkreises wieder. Es werden wohl weniger persönliche Statements und Gespräche verlangt und wir dürfen mit PowerPoint oder verwandten Medien rechnen.

Die Teilnehmenden erwarten nun nichts Spannendes mehr, es ist ja wie immer. Und die Krönung der Langeweile: das Flipchart mit dem Willkommensherz. Spätestens jetzt weiß jeder, wie der Hase heute laufen wird: zuerst der übliche Einstieg mit Organisatorischem und dem besonderen Bonbon der Erwartungsabfrage, die gerade bei Zwangsschulungen komplett absurd ist. Welche Erwartungen werden wohl Menschen haben, die unfreiwillig in einem Seminar sitzen? Dann folgt ein Präsentationsteil mit PowerPoint, der meist über die erträglichen 20 Minuten hinausgeht und das Thema – oft von Grund auf – noch einmal vorstellt. Bei Einsetzen einer gewissen Müdigkeit wird dann eine Methode gemacht oder eine Aktivierung angeboten, die oft nicht themen- bzw. inhaltsbezogen ist, sondern einfach irgendein »Spiel« zum Muntermachen.

Solange Trainerinnen und Trainer diese altvertrauten und dementsprechend unspannenden Settings nicht ändern, werden sie aus dem selbst inszenierten Trägheitsmoment nur schwer herauskommen.

Doch es gibt sie ja, die **wilden, kreativen Formate**, in denen neu gedacht wird: Thinktanks, Bootcamps etc. sind eindrucksvolle Settings, in denen sich Menschen hierarchiefrei austauschen können. Natürlich sind diese Settings in gewisser Weise auch Lernräume, also Orte, an denen voneinander und miteinander gelernt wird. Letztendlich jedoch sind es Gedankenschmieden, in denen Neues erdacht wird und wo

Kollaboration, Kreativität und Kommunikation an erster Stelle stehen. Und warum sollten Unternehmen nicht dazu übergehen, solch neue Formate auch für Weiterbildung und Training zu schaffen? Wirksame Seminare müssen nicht im klassischen Seminarraum stattfinden.

Ganz klar ist: Informationen, die interessant visualisiert sind, bekommen mehr Aufmerksamkeit und werden besser behalten. Wenn **schön gestaltete Flipcharts** im Seminarraum hängen, bekommen die Teilnehmenden schnell das Gefühl, »dass sich da jemand Mühe gegeben hat« und sie willkommen sind. Zumindest höre ich das immer wieder. Derzeit boomen die Kurse zur hochwertigen Flipchart-Gestaltung. Trainer und Trainerinnen investieren einiges in Kurse und Bücher, um ihre persönliche Flipchart-Kunst zu verbessern – und dieser Einsatz wird von den Teilnehmenden oft mit mehr Motivation und positivem Feedback honoriert.

Problematisch kann es dann werden, wenn im Seminar »mal eben schnell« ein neues Flipchart erstellt werden muss, weil Ideen, Geistesblitze, Erkenntnisse etc. visualisiert werden sollen. Da wird der Unterschied zwischen den wunderschön vorbereiteten Flipcharts und den spontan kreierten offensichtlich. Flipcharts, die im Tun entstehen, weil die Trainerin zum Beispiel die Frage eines Teilnehmers beantwortet hat und die Essenz ihrer Antwort festhalten möchte, sind quasi große Notizblätter für Gedanken. Wer als Trainerprofi auf hochwertige Fragen antwortet, braucht normalerweise einen Moment, um die wesentlichen Gedanken zu sammeln und kurz zu überlegen, wie diese visualisiert werden können. Während dieses komplexen Prozesses kann er oder sie sich nicht darauf konzentrieren, das Flipchart auch noch »schön« zu machen. Eine anschließende Optimierung geht aber immer! Ich plädiere daher dafür, das Flipchart zu retten, aber unnützen Papierverbrauch zu vermeiden. So können Standard-Flipcharts wie »Unser Weg durchs Seminar« oder »Der Baum der Erkenntnis« einfach entfallen, ohne dass es jemandem auffällt. Und wir entdecken unsere Liebe zu den unperfekten Flipcharts, denn diese lassen sich immer noch aufhübschen. Auf diese Weise lebt die Trainerin auch den Wert »Flexibilität« vor!

Doch es gibt noch mehr als Flipcharts. Eine einfache Alternative, die den gleichen Effekt hat und um einiges ökonomischer ist, ist die **Wäscheleine** – die Zettel mit den Informationen können immer wieder verwendet werden, außerdem bleiben sie die ganze Zeit sichtbar. Auch Kartons oder (wiederverwertbare) Plakate mit Beschriftungen können zum Einsatz kommen. Und selbst eine ganz normale Pinnwand kann kreativ mit vielen interessanten Informationen versehen werden.

Mittlerweile weiß wohl jeder, dass **PowerPoint** keine gute Lösung für Trainings und Schulungen ist – also weg damit. PowerPoint-Präsentationen sind zwar schnell erstellt, doch letztendlich schüttet man damit Informationen vor Menschen einfach nur so aus. PowerPoint überfordert uns – Lesen und Zuhören zugleich geht nicht, insbesondere dann, wenn das Gelesene sich vom Gesprochenen unterscheidet. Dann bekommt kaum noch einer etwas mit. Die Vortragenden stehen quasi neben dem Inhalt – nicht dazu. Stehen sie vor der Projektionsfläche, dann werfen sie einen Schatten aufs Thema. Nehmen Sie diesen Satz ruhig in seiner Doppeldeutigkeit ernst. Und nicht nur die Verdunkelung macht müde; auch zu viele Folien haben diesen Effekt – da ist der Arbeitsspeicher schnell voll und die Aufmerksamkeit lässt spätestens nach der zehnten Folie nach.

»Menschen, die wissen, wovon sie reden, brauchen keine Folien«, sagte Steve Jobs. Das kann ich nur unterschreiben. Wer konsequent ohne PowerPoint präsentiert, erarbeitet sich schnell ein neues, umfangreiches Repertoire an Präsentationsmöglichkeiten. Hier darf Kreativität gelebt werden. Allem voran steht das lebendige Storytelling. Wer fesselnd vorträgt, punktet bei den Zuhörenden. Multisensorische Methoden wie zum Beispiel starke Präsentationen, bei denen die Inhalte knackig visualisiert werden und mit guten Erinnerungsankern gearbeitet wird, sind gerade für die Vermittlung von Zahlen, Daten und Fakten der Renner. Quizvarianten stehen ganz oben auf der Liste, wenn die Teilnehmenden sich den Inhalt selber erarbeiten sollen. Gut aufbereitete Inhalte ersetzen oder ergänzen so manchen PowerPoint-Vortrag, dazu können beschriftete Papierbögen an Wäscheleinen, Pinnwänden oder Fenstern angebracht werden, man kann Inhalte auf großen Kartons visualisieren oder in Form von TV- oder Verkaufs-shows aufbereiten. Der Fantasie sind da keine Grenzen gesetzt (mehr dazu in dem Kapitel »Die Methoden«).

Wir brauchen mehr Mut in den Unternehmen

Was ist der Treibstoff in den Tanks Ihres Unternehmens? Wenn wir von A nach B kommen wollen, brauchen wir Bildung, wir benötigen neue Informationen, neues Wissen, neues Können – und manches Mal die Einsicht, dass wir überhaupt nach B wollen. B sollte also ein attraktives Ziel sein.

Ihre **Unternehmenskultur** ist einer der zentralen Aspekte Ihrer Organisation. Menschen bleiben oder gehen, je nachdem, ob ihnen die gelebte Kultur in Ihrem Unternehmen liegt oder nicht. Die Weiterentwicklung dieser Kultur gelingt durch Bildung – aber diese muss hochwertig, lebendig und stets auch auf Ihre bestehenden oder zukünftigen Werte bezogen sein.

Wenn Unternehmenskultur und Bildungskonzeption nicht miteinander in Resonanz sind, dann verschwenden Sie womöglich wertvolle Ressourcen, und das ist schade und unnötig. Die Bildungskonzepte, die Sie für sich und Ihre Mitarbeitenden stricken, gestalten den lebendigen Körper Ihrer Unternehmenskultur – sie wird zum Treibstoff. Wissen, Können, Möglichkeiten-Wachstum füllen den Tank und wirken wie ein Perpetuum mobile der gemeinsamen Weiterentwicklung. Ein stimmiges Blended-Learning-Konzept – die bewusste Verschränkung von Präsenz- und E-Learning-Elementen – beschleunigt die Lernprozesse in den Unternehmen. Eine Information gelangt rasend schnell in die Köpfe und Herzen der Menschen.

Blicken Sie also beim Thema interne Weiterbildung über den Tellerrand der Personalabteilung hinaus. Die Verantwortlichen für die Entwicklung des Unternehmens sollten auch die Verantwortung für die Trainings bzw. die Weiterbildung übernehmen. Das wertvollste und wichtigste Gut des Unternehmens sind seine Mitarbeitenden und Führungskräfte. Sie gilt es mit Wissen, neuen Ideen und Impulsen voranzubringen. Dafür brauchen Unternehmen gestandene Persönlichkeiten, die das entsprechende Wissen, die gewünschten Impulse, Kenntnisse und Fähigkeiten mitbringen und in der Lage sind, verschiedene Aufgaben zu erfüllen: Sie müssen ermöglichen, aufzeigen und lehren.

Es geht dabei auch immer um die großen Fragen und Antworten, die von den Verantwortlichen gesucht, erkannt, erfasst und besprochen werden. Das setzt eine tiefe Kenntnis der Inhalte voraus, die in der Personalabteilung nicht immer vorhanden ist. Das Team in dieser Abteilung wird vermutlich innerhalb des eigenen Kompetenzlevels nach Trainern und Formaten suchen, am liebsten nach etwas, was es bereits kennt. Das könnte der gewünschten Weiterentwicklung zuwiderlaufen. Eine kreative Gestaltung des Anliegens selbst bleibt aus – das kann die Personalabteilung auch nicht leisten, denn hier geht es nicht um Events, sondern um Trainingskunst. Hier braucht es den Blick nach außen, und so wie bei New-Work-Konzepten komplett anders gedacht wird, sollte es auch bei New Training sein.

Mit einer gehörigen Portion Mut im Gepäck können Sie neue Wege gehen und für Ihre Mitarbeitenden und Führungskräfte in puncto Weiterbildung neue Horizonte erschließen.

Wir brauchen Persönlichkeiten als Trainer

Der klassische Trainer hat ausgedient. Punkt. Früher ging es in den Trainings vor allem um Wissensvermittlung, doch heute ist so gut wie jede Information auch im weltweiten Netz auffindbar. Das bedeutet: Nicht nur die Menschen in den Unternehmen brauchen neue Fähigkeiten, neue Verhaltensmuster und neue Einstellungen, auch die eingekauften Trainer und Speaker müssen sich weiterentwickeln oder gar neu erfinden.

Als Kernkompetenzen der Zukunft gelten die vier Ks: Kreativität, kritisches Denken, Kommunikationsfähigkeit und Kooperationsbereitschaft. Dazu treten Charaktereigenschaften wie Achtsamkeit, Mut, Belastbarkeit, ethisches Bewusstsein und Führungsstärke. Am wichtigsten wird laut Yuval Noah Harari die Fähigkeit werden, mit Veränderung umzugehen, neue Dinge zu lernen und in unvertrauten Situationen das seelische Gleichgewicht zu wahren. »Wollen wir mit der Welt des Jahres 2050 Schritt halten, müssen wir nicht nur neue Ideen und Produkte erfinden – wir müssen vor allem uns selbst immer wieder neu erfinden.«[7]

Das Wissen wird interdisziplinär und wir können uns, unter anderem durch entsprechende Trainings- und Coachingkonzepte, auch in puncto Selbstreflexion und persönlicher Weiterentwicklung verbessern. Damit rückt die Lernende wieder mehr in den Mittelpunkt. Der Trainer ist dadurch nicht überflüssig, ganz im Gegenteil. Er wird gebraucht, um Lernsettings zu ermöglichen, in denen Menschen Neues erfahren, damit sie sich und andere und das Thema (des Trainings) neu betrachten können. Für all das brauchen wir keine Standardtrainings mehr und – natürlich – auch keine Standardtrainer. Wir brauchen Persönlichkeiten, die in den Präsenztrainings faszinieren und die einen gewissen Aufruhr ins Leben, ins Thema und in die Arbeitswelt der Lernenden bringen. Trainerinnen und Trainer werden zu Lernbegleitern, Impulsgebern, Bildungsmanagerinnen, Inhaltsaufbereitern, Lernzieldefinierern und Inhaltsdosierern, die uns mit den digitalen Tools weiterbringen. Wir brauchen Raumhalter, Vorleberinnen, Rollenmodelle, Weise, Heilerinnen, Revolutionäre, Leuchttürme …

Für vieles, was wir zukünftig lernen sollen / wollen / müssen, brauchen wir wahre Expertinnen, Menschen, die das verkörpern, was wir erreichen wollen, und uns genau das lehren können. Und: Eine echte Trainerpersönlichkeit bringt das Thema – und nur das – zum Leuchten. Sie verfügt über die innere Größe, sich selbst zurückzunehmen, um das Thema zu inszenieren und ihm einen entsprechend großen Raum und Rahmen zu geben.

Wir brauchen Befruchtungsmomente

Kennen Sie den »Ruf«? Auch »the Call« genannt? Da ruft uns etwas, da mahnt etwas, da kommt eine Stimme von innen oder außen, die uns klar macht: Jetzt wird es anders, ich will / muss etwas tun. Solche Weckrufe können auch Trainings sein – Trainings, in denen etwas passiert, in denen wir mit uns, einem Thema, einem Anliegen konfrontiert werden, das uns tief bewegt.

Jedes Training – fast jedes – sollte mit einem beeindruckenden, berührenden und eindrucksvollen Moment starten. Dann wissen alle: Hier wird es anders. Die Erwartungen an ein langweiliges Standardseminar werden also von Anfang an bewusst nicht erfüllt.

Wenn ich Trainings designe, dann steht immer die Frage nach dem geistigen Befruchtungsmoment im Vordergrund: Wo macht es »klick« im Kopf der Teilnehmenden? Wie erreiche ich die Ebene der Einstellung, wie berühre ich Menschen in ihrem inneren Wertesystem oder Erleben so, dass sie innehalten und das, was sie kennen, neu betrachten? Das ist mein Fokus. Denn wenn die »Einsicht« erst da ist, ist der Rest ein leichtes Tun. Die weiteren Schritte im Seminardesign reihen sich automatisch aneinander wie die Perlen einer Kette.

Trainings – sofern dieser Begriff noch ansatzweise für das passt, worüber wie hier nachdenken – sind Momente, in denen Menschen zusammenkommen, um gemeinsam etwas zu erleben und zu erfahren. Die Mahnung ohne den erhobenen Zeigefinger: Das ist ein Gedanke, der zu dieser neuen Art von Veranstaltungen unbedingt gehört.

Diese Mahnung – oder leichte Erschütterung – hat eine starke Wirkung, denn sie fragt nach dem **WARUM**:

- **WARUM** wir besser miteinander kommunizieren sollen
- **WARUM** wir bessere Führungskräfte werden sollen
- **WARUM** wir uns im Team besser arrangieren sollen

Es gibt viele **WARUMs** für Themen, sie sind im Grunde doch das oberste Ziel von Trainings- und Bildungsmaßnahmen.

Aber kommen wir noch einmal zurück zum eingangs erwähnten »Ruf.« Dieser Begriff gehört zum Konzept der Heldenreise, das Joseph Campbell, ein amerikanischer Mythologieforscher, entwickelt hat. Ein Ruf, ob er nun von außen oder von innen kommt, geht oft einher mit Schwierigkeiten, einer Krise, einem Aufbegehren, einer Vision oder dem Wunsch, dass etwas ganz anders wird. Unfreiheit, Not und ähnliche Erlebnisse und Situationen befördern diesen Ruf noch mehr.

Traditionelle Arbeitsplätze und Berufe verändern sich rasant oder verschwinden ganz; neue Berufe entstehen, von denen wir oft gar nicht wissen, wie sie genau aussehen werden. Künstliche Intelligenzen übernehmen mehr und mehr Arbeitsprozesse und auch daraus entstehen neue Betätigungsfelder für den Menschen.

Dies bringt nach meinem Verständnis eine tiefe Auseinandersetzung mit unserer eigenen Aufgabe und den unterschiedlichsten Rollen, die wir privat und beruflich einnehmen werden. Wenn wir den Ruf nicht hören oder ihn ignorieren, kann das fatale Folgen haben. Doch der Ruf kann auch durch etwas Schönes, Positives ausgelöst werden: Wir sehen einen Film, lesen ein Buch oder treffen einen Menschen und plötzlich wird eine starke Sehnsucht in uns geweckt.

Das sollte auch in Lernräumen und Trainings, auf Tagungen und bei anderen beruflichen Events geschehen. Die Teilnehmenden hören den Ruf und spüren eine tiefe Sehnsucht nach etwas. Das kann alles Mögliche – Sinn, Ethik, Kreativität, Kollaboration, Zusammenhalt – sein. Im Idealfall decken die Unternehmensziele das »Sehnsuchtsthema«

ab, dann berührt es die Menschen eher, es klingelt sozusagen in ihrem eigenen Persönlichkeitsnetzwerk.

Als Teilnehmende möchte ich erschüttert werden, mein bisheriges System soll ins Wanken kommen und auf den Prüfstand gestellt werden; meine eigenen Wenn-dann-Logiken sollen Purzelbäume schlagen, ich will wachsen und neue Erkenntnisse bekommen.

Wie das geschieht? Durch besondere Methoden und Erlebnisse, die dem Thema eine neue Bedeutung geben. Die üblichen Erkenntnisspiele greifen zwar, aber nur oberflächlich. Inszenierungen, die ein Thema erfahrbar machen, sind da viel eher geeignet. Wenn wir ein Meeting zum Beispiel gemeinsam am **Lagerfeuer** anfangen, hat das eine ganz andere Qualität. Selbst wenn es ein »trockenes« Feuer ist – eine große Sitzfläche auf dem Boden, in deren Mitte trockene Holzscheite als Feuerstelle aufgebaut sind –, so wirkt doch die Art und Weise, wie diese Runde zelebriert wird.

Sobald eine Methode aus dem üblichen Allerlei hervorsticht, eine gewisse Tiefe, Stille oder andere Atmosphäre verbreitet, ist es meist keine Methode mehr, sondern ein Ritual, eine Intervention, eine Zeremonie. Diese hat eine ganz andere Wirkung: Sie spricht die affektiven Lernziele an – also Ziele, die sich auf das Herz, die innere Haltung, die persönliche Einstellung und die Emotionen beziehen – und fördert die Verbundenheit der Menschen untereinander. Um solche Momente zu schaffen, braucht es die entsprechende innere Haltung des Trainers, er oder sie muss wissen, warum er oder sie etwas macht. Und es braucht die Gabe, tief gehende Lernsettings zu gestalten.

Wir brauchen persönliche Transformation

Menschen streben nach Weiterentwicklung und Veränderung. Viele unserer Verhaltensweisen, unser Werteverständnis und unser Mindset – unsere Mentalität – reichen angesichts der VUCA-Welt und der zunehmenden Digitalisierung einfach nicht mehr aus und müssen sich verändern. Und dieses Gefühl hat unter Umständen gravierende Folgen: Viele von uns spüren, dass sie inmitten einer persönlichen Disruption stehen.

Unsere Arbeitswelt wandelt sich – das besagt unter anderem eine Studie des Instituts für Arbeitsmarkt- und Berufsforschung (IAB):

»Die Digitalisierung hat kaum Auswirkungen auf das Gesamtniveau der Beschäftigung, führt aber zu größeren Verschiebungen zwischen Branchen, Berufen und Anforderungsniveaus. Bis zum Jahre 2020 gehen nach Auffassung des IAB 710 000 Arbeitsplätze durch Digitalisierung verloren, gleichzeitig entstehen aber 720 000 neue Jobs. Bis 2035 schätzt das Institut den Verlust auf 1,46 Millionen Arbeitsplätze ein, den Zugewinn auf 1,4 Millionen.«[8]

Diese Zahlen beschreiben nur einen der vielen Gründe, warum wir uns selbst neu erfinden müssen – oder dürfen, je nachdem, wie optimistisch oder pessimistisch wir die Sache sehen. Es stellt sich nur die Frage, ob ich jemand anderes werden kann als derjenige, der ich gestern war.

Die Digitalisierung hat einen ähnlich massiven Effekt auf die Arbeitswelt wie die Dampfkraft in früheren Zeiten. Viele Firmen werden verschwinden – manche schon in wenigen Jahren. Um das zu verhindern, müssen sie sich ebenso wandeln wie wir Einzelnen.

Es geht, kurz gesagt, um **Transformation**. Dafür müssen wir uns zunächst eines klarmachen: Es gibt unbewusste Prozesse, die auch für uns unbewusste Grenzen setzen. Das Überwinden dieser Grenzen ist der Weg zur Transformation. Wir können lernen, bisherige Grenzen zu überwinden, neue Möglichkeiten zu erfahren, die uns zu etwas Neuem oder Reiferem bringen. Wir reifen in unseren Erkenntnissen über das Bisherige und bekommen eine weit größere Perspektive.

Zum Lebensende hin streben wir Integrität an. Die Reise unseres Lebens soll Sinn ergeben. Und dafür braucht es im Vorhinein die regelmäßige Reflexion: »Wer bin ich und was will ich wirklich?« Solche Fragen können auch in Coachings oder Leadership-Trainings bisherige Lebens- und Arbeitskonzepte komplett durcheinanderbringen.

Die Suche nach persönlicher Weiterentwicklung – die Selbstfindung – ist ein relativ neues Gut. In früheren Jahrhunderten hielt das Tagwerk die Menschen oft davon ab, sich diese Fragen zu stellen. Jetzt möchte sich der Mensch neu erfinden und optimieren. »Mache das beste Selbst aus dir« – so klingt es in manch einem Seminar oder Ratgeber.

Menschen dabei zu begleiten, das Beste aus sich zu machen, ist ein typisches Trainer- und Coach-Credo. Menschen, die sich an ihrem Arbeitsplatz verwirklichen können, bringen Früchte fürs Unternehmen. Dort können sie ganz sie selbst sein und ihr Wissen und ihre Power (oder auch Ideen, Haltung und Einstellung, Fragen etc.) zur Verfügung stellen. Und das hat noch einen weiteren Vorteil: Menschen, die diese Qualität am Arbeitsplatz erleben, bleiben!

Lebenslanges Lernen nicht als Schlagwort, sondern als Weg zur persönlichen Transformation. Das Beste aus sich machen zu wollen – das ist ein wertvoller Wunsch, der mit den entsprechenden Bildungskonzepten wahr werden kann. Als Ziel dieses Wunsches formulierte der frühere US-Präsident Barack Obama: »Arbeite an etwas mit, das für die Gesellschaft nützlich ist, was einen Mehrwert hat, kümmere dich mehr darum, was du sein willst, kümmere dich mehr darum, was du Sinnvolles machen möchtest.«[9]

Kann ich mich ändern, wenn ich das möchte? Für Barack Obama ist das möglich, wenn man:[10]

◆ eine innere Unzufriedenheit spürt,
◆ die Einsicht hat, dass etwas auf bisherigem Wege nicht funktioniert,
◆ die Bereitschaft hat, sich Informationen von anderen zu holen,
◆ die Veränderung in kleinen Schritten angeht, denn eine Veränderung kommt nicht über Nacht, weil sie ein Prozess ist,
◆ überzeugt ist, dass man täglich besser wird, indem man die notwendigen Dinge anders macht. Trainings und andere Lernsettings sollten sich zentral darauf beziehen, dass Menschen die Möglichkeit bekommen, das Beste aus sich zu machen.

Wenn Obama sagt: »Werde der Beste, der du sein kannst!«[11], dann spricht er unsere Sehnsucht an, bei uns selbst anzukommen. Wer für seine persönliche Weiterentwicklung Unterstützung und Möglichkeiten am Arbeitsplatz bekommt, der gibt eher sein Bestes. Und das ist viel mehr als nur die Anhäufung von Fachwissen, es ist die Kunst, sich in der sich ständig wandelnden Welt als Mensch bewegen zu können.

3.

Wo stehen wir?
Aktuelle Trends und Heraus-
forderungen

»Wir bilden derzeit Lernende für Arbeitsplätze aus,
die noch nicht existieren, um Technologien einzusetzen,
die noch nicht erfunden wurden, damit sie Probleme lösen,
von denen wir noch nicht einmal wissen, dass es
Probleme sein werden.«[12]
RICHARD RILEY

Eigentlich ist alles klar: Wir wissen um den Klimawandel und auch, wie wir ihn verlangsamen oder aufhalten können. Die Konsequenzen des demografischen Wandels sind uns ebenso klar. Und dass wir umdenken müssen, wissen wir auch. Aber Theorie und Praxis liegen – leider – oft weit auseinander. Wir wissen auch: Die Digitalisierung liegt nicht mehr vor uns, sondern quasi um uns herum und erfordert ein anderes (Weiter-)Bildungsverständnis. Die interessante Frage lautet: Wo positioniert sich hier die Trainings- und Weiterbildungsbranche?

Future Skills

Sie erinnern sich sicherlich an die vier **K**s: **K**reativität, **k**ritisches Denken, **K**ommunikationsfähigkeit und **K**ooperationsbereitschaft. Diese Fähigkeiten bilden die Voraussetzung für den Erwerb und die Anwendung von Wissen und das Erbringen von Leistungen, die wir zukünftig in der Arbeitswelt und im gesellschaftlichen Leben brauchen. Darüber hinaus braucht es meines Erachtens auch die Fähigkeit, sensibel und durchlässig auf Ereignisse und Nachrichten des täglichen Lebens zu reagieren, und das Feingefühl, auf die Konsequenzen unseres Handelns zu schauen. Hinzu treten Empathie, das Einfühlen in die Bedürfnisse unserer Umgebung und Mitgefühl als Auslöser helfenden Handelns.[13]

Das Center for Curriculum Redesign sieht folgende Charaktereigenschaften als wertvoll an und empfiehlt, deren Ausbildung bereits in den Lehrplan der Schulen einfließen zu lassen:[14]

◆ **Achtsamkeit** – diese umfasst Aspekte wie Selbstbewusstsein, Selbstverwirklichung, Reflexion, Mitgefühl, Dankbarkeit, Einfühlungsvermögen, Wachstum, Weitsicht, Einsicht, Gelassenheit, Glück, Präsenz, Authentizität, Verbundenheit, Eins-Sein, Akzeptanz, Geduld, Spiritualität, soziales Bewusstsein, interkulturelles Bewusstsein.

◆ **Neugier** – diese umfasst Aspekte wie Aufgeschlossenheit, Forschergeist, Leidenschaft, Selbststeuerung, Motivation, Initiative, Innovation, Begeisterung, Staunen, Spontaneität.

◆ **Mut** – dieser umfasst Aspekte wie Tapferkeit, Entschlossenheit, Stärke, Zuversicht, Risikobereitschaft, Ausdauer, Robustheit, Schwung, Optimismus, Inspiration, Energie, Kraft, Elan, Eifer.

◆ **Resilienz** – diese umfasst Aspekte wie Beharrlichkeit / Ausdauer, Durchhaltevermögen, Hartnäckigkeit, Einfallsreichtum, Mumm, Selbstdisziplin, Anstrengung, Sorgfalt, Engagement, Selbstbeherrschung, Selbstwertgefühl, Vertrauen, Stabilität, Anpassungsfähigkeit, Umgang mit Mehrdeutigkeit, Flexibilität.

◆ **Ethisches Bewusstsein** – dieses umfasst Aspekte wie Wohlwollen, Menschlichkeit, Integrität, Respekt, Gerechtigkeit, Gleichheit, Fairness, Mitgefühl, Altruismus, Inklusion, Akzeptanz, Loyalität, Ehrlichkeit, Wahrhaftigkeit, Anstand, Rücksichtnahme, Tugend, Liebe, Fürsorge, Hilfsbereitschaft, Großzügigkeit, Nächstenliebe, Zugehörigkeit.

◆ **Führungsstärke (Leadership)** – diese umfasst Aspekte wie Verantwortung, Verzicht, Verpflichtung, Zuverlässigkeit, Verlässlichkeit, Pflichtbewusstsein, Uneigennützigkeit, Demut, Bescheidenheit, Selbstreflexion, Inspiration, Organisation, Hingabe, Heldentum, Charisma, Engagement, Führung durch Vorbild, Zielorientierung,

Konzentration, Ergebnisorientierung, Präzision, Effizienz, Geselligkeit, Vielfalt.

Geschäftsführerinnen und Vorstände wünschen sich Führungskräfte, die bereit sind, sich selbst hinsichtlich Einstellung, Werten, Kompetenzen und Verhalten zu reflektieren. Führungskräfte wünschen sich Mitarbeitende, die eine ebensolche Bereitschaft zeigen. Darüber hinaus wünschen sie sich von ihnen, dass sie ihre Kompetenzen, Fähigkeiten und ihr Verhalten vervollkommnen. Wachstum, persönliche Weiterentwicklung und eine bessere Performance sollen die Folge sein. Das setzt natürlich die grundsätzliche Bereitschaft zur Veränderung voraus – und damit einhergehend auch die jeweilige Ziellinie.

Tests und Analysen

Nach Walter Mischel besteht Persönlichkeit »nicht aus festen Eigenschaften, sondern aus einem Netzwerk von Interpretations-, Interaktions- und Verhaltensweisen, die miteinander interagieren.«[15] Klingt komplex und ist für mich einer der Gründe, warum Unternehmen nach wie vor gerne Persönlichkeitstests und -analysen nutzen: Sie möchten die Menschen im Unternehmen besser verstehen. Diese Analysen können helfen, zu erkennen, wie ein Team tickt, welche Wertekonflikte gegebenenfalls bestehen oder wie stark der gemeinsame Flow ist. Sie nehmen den Verantwortlichen jedoch nicht die Arbeit ab, die gewünschte Veränderung selbst mit Vorbildern, Wissen und Leben zu füllen.

Für mich sind diese Analysen dann interessant, wenn sie echte Hinweise darauf geben, was die Lernenden ausmacht. Im Idealfall kann ich als Trainerin oder Trainingsdesigner die zu vermittelnden Inhalte dann so aufbereiten, dass sie für die Teilnehmenden bestmöglich nutzbar sind. Die Analysen sind darüber hinaus dann besonders wertvoll, wenn sie von den Menschen selbst verlangt werden – weil sie sich weiterentwickeln möchten und die Ergebnisse ihnen eine wertvolle Hilfe bei der notwendigen Selbstreflexion sind.

Die Ergebnisse dieser Tests und Analysen sind dennoch mit Vorsicht zu genießen. Auch wenn sie Lösungen versprechen, bleibt es die Aufgabe von Führungskräften, Personalentwicklern und Trainerinnen, für hochwertige, individuelle Lernsettings zu sorgen. Das bestätigt meine These, dass das Schaffen eines Lernraumes, in dem die Menschen ihre bisherigen Bezüge und Logiken nicht automatisch aktivieren, sondern im besten Falle aus ihrem Wenn-dann-Rhythmus gerissen werden, eine zentrale Herausforderung darstellt.

Führung neu leben

Führung war schon immer eine anspruchsvolle Aufgabe. Nun wandelt sich durch die Flexibilisierung der Arbeitsstrukturen auch die Arbeitsgestaltung; die Beschäftigten übernehmen immer mehr Verantwortung – für sich selbst und ihre Arbeitsaufgaben. Die Prozesse verändern sich und hinzu kommen starke Momente des Wandels – Stichworte VUCA-Welt, Globalisierung und Digitalisierung. All das zusammengenommen macht Führung noch anspruchsvoller.

Führungskräfte sind dann besonders gefordert, wenn es darum geht, das Unternehmen im Wandel zu begleiten. Sie sorgen dafür, dass Bildung als wertvolles Handwerkszeug für noch mehr Erfolg, die Übereinstimmung von Leitbild und Realität und mehr Wachstum begriffen wird.

Alles strebt nach Veränderung und Weiterentwicklung. Um diesen Weg zu gehen, braucht es so etwas wie ein Fundament. Um diesen neuen Prozessen und Strömungen Raum zu geben, braucht es einen Rahmen, eine neue Ordnung, man könnte es auch **Mindset** nennen. All das zusammen bereitet den Weg für die Menschen in der Veränderung. Wichtige Prozessinhaber und Verantwortliche gehen voran, sie spornen durch das eigene Beispiel an, leben vor, vertrauen und schenken so etwas wie Liebe und Zuversicht.

Schlechte Noten für die Chefs

Viele Mitarbeiterinnen und Mitarbeiter sind unzufrieden an ihrem Arbeitsplatz. Nur jeder dritte Arbeitnehmer in Deutschland würde seinen Arbeitgeber weiterempfehlen. Damit hinkt Deutschland im Vergleich mit den skandinavischen Ländern und den USA hinterher. Als Grund für diese Unzufriedenheit gibt eine dänische Studie die Unternehmenskultur an; in Deutschland sind zum Beispiel nur knapp 40 Prozent der Mitarbeitenden mit ihrem Entscheidungsspielraum an ihrem Arbeitsplatz zufrieden. 65 Prozent fühlen sich heute gestresster als noch vor fünf Jahren. Als häufigste Stressursache nennen sie nicht die Arbeit selbst, sondern die Führungskraft – für sage und schreibe 35 Prozent der Befragten ist sie der größte Stressor.[16]

Eine der zentralen Fragen ist: Wie und woher bekommt eine Führungspersönlichkeit in diesen sich rasch wandelnden Zeiten Orientierung? Wie gelingt es ihr, ein fundiertes, kritisches oder auch kreatives Urteil zu komplexen Sachverhalten oder Themen zu entwickeln, in die sie womöglich nur einen Teileinblick hat? Zudem trägt sie viel Verantwortung – oder muss lernen, diese abzugeben. Das verunsichert insbesondere traditionell denkende Führungskräfte sehr, denn damit verlieren sie zunächst einen Teil der Kontrolle über die Mitarbeitenden, zum Beispiel in puncto Präsenz am Arbeitsplatz.

Eine ganz spezielle Herausforderung sind sicher auch Führungskräfte, die der sogenannten »Dunklen Triade« angehören. Der Begriff steht für eine Kombination von Persönlichkeitsmerkmalen wie zum Beispiel Narzissmus, Machiavellismus und Psychopathie. Wenn es in Spitzenpositionen vorrangig um Geld, Ansehen und Einfluss geht und das Privatleben kaum noch relevant ist, dann zieht das die »raffgierigsten, rücksichtslosesten und niederträchtigsten Charaktere in diese Positionen. (…) Psychopathen werden davon magnetisch angezogen und tummeln sich überproportional häufig in Chefetagen und allerhöchsten Ämtern.«[17] Dieser Typ Chef wird sicherlich jeden Führungskräfte-Trainer vor eine schwierige Aufgabe stellen – denn wer ist dem gewachsen?

Dieses System aus Kontrolle und Abhängigkeit kann nur mit tief gehenden Mindset-Veränderungen aufgebrochen werden, die mit dem Wandel persönlicher Werte, Prinzipien und Arbeitseinstellungen einhergehen. Ein Trainings- und Coachingkonzept für Führungskräfte muss daher am richtigen Dreh- und Angelpunkt ansetzen. Das mag der »Ruf« sein oder auch eine Situation, die tief erschüttert und der Führungskraft deutlich macht, dass eine Veränderung nötig ist.

Neue Herausforderungen

Generell sind Führungskräfte heute weniger mit den klassischen Managementaufgaben betraut als früher, sodass die eigentliche Führung mehr in den Vordergrund tritt. Damit verändern sich natürlich auch ihre Rollen oder Leader-Dimensionen. Sie fungieren nun eher als Berater, Mentor und Coach, sollen auf Augenhöhe führen und ihren Mitarbeitenden eine gewisse Wertschätzung entgegenbringen. Die

Führungskräfte von New Work haben den Anspruch, die individuellen Fähigkeiten der Mitarbeitenden genau zu kennen und ihnen mehr Selbstverantwortung zu übertragen. Sie möchten Arbeitsbedingungen herstellen, die es ihren Mitarbeitenden ermöglichen, ihre Fähigkeiten weiter zum Wohle des Unternehmens zu entwickeln.

Vielen Führungskräften fällt es schwer, die traditionellen Führungsaufgaben, Führungsstile und Erwartungen an ihre Führungsrolle aufzugeben. Dies betrifft natürlich primär die älteren Semester. Doch steckt in diesem Wandel auch eine große Chance. Es darf nach dem »Warum«, dem »Wozu«, dem »Was« und dem »Wie« gefragt werden – diese Offenheit für Fragen hat besonders für den Führungsnachwuchs einen großen Stellenwert.

73 Prozent der Führungskräfte halten agile Arbeitsmethoden für sinnvoll – sagt das Führungsbarometer von Odgers Berndtson, für das die Personalberatung rund 2460 Managerinnen und Manager in Deutschland, Österreich und der Schweiz befragte. Nur zwei Prozent dieser Führungskräfte lehnen agile Managementmethoden ab.[18]

Neue Führungsansätze

Die Zeit der Trainings, die sich ausschließlich mit Führungsstilen beschäftigt haben, ist vorbei, denn die Konzepte verändern sich. Es gibt zahlreiche neue Ideen für Führungsmodelle. Ich möchte hier zwei Modelle vorstellen, die mich besonders faszinieren, weil in ihrem Fokus ein Menschenbild steht, das geprägt ist von Respekt gegenüber den Mitmenschen.

Beim Leipziger Führungsmodell[19] geht es darum, den Menschen eine maximale Freiheit und Partizipation zu ermöglichen. Allerdings agieren die Führungskräfte dabei nicht diffus, unabhängig oder freischwebend über den Dingen, sondern handeln stets im Rahmen ihrer persönlichen Einheit im jeweiligen Unternehmen oder ihrer Organisation. Das Leipziger Führungsmodell fokussiert in der aktuellen Version mehr den Einzelnen in der Organisation. Dies mag eine Antwort auf die Diskussion sein, ob der Mensch durch selbststeuernde und selbstlernende Maschinen abgelöst werden kann; auf jeden Fall rückt der Mensch wieder in die Mitte der Wertschöpfungskette.

Die Schöpfer des Modells betrachten den Menschen als sehr unternehmens- und innovationsorientiert, sie begründen das auch damit, dass Lebenszyklen heute noch viel mehr miteinander verschmelzen als früher. Das Leipziger Führungsmodell beruht auf vier Dimensionen: Purpose – Unternehmergeist – Verantwortung – Effektivität.

Der Purpose hebt die »Zweck-Mittel-Relation in der Führungsarbeit hervor, d. h. die Frage nach dem Warum, dem Ziel und Zweck einer Arbeitsaufgabe, aber auch nach der Legitimation eines Geschäftsmodells, eines ganzen Unternehmens und letztlich der marktwirtschaftlichen Grundordnung insgesamt.«[20]

Den Unternehmergeist sehen die Leipziger als Basis oder Schlüssel für die Erneuerungsfähigkeit von Menschen, Organisationen und Gesellschaft, insbesondere unter dem Aspekt einer nachhaltigen Entwicklung. Verantwortung gehört ebenso dazu. Sie gilt als eine grundlegende Voraussetzung guter Führung, die eng mit dem Purpose verbunden ist, denn ein Purpose, der nicht verantwortlich realisiert werden kann, kann auch kein Aspekt guter Führung sein.

Unternehmen, Organisationen und andere Institutionen stehen meist vor der Herausforderung, dass »Entscheidungen und Handlungen zur Erzielung eines Beitrages zum Großen aufgrund knapper Ressourcen und Wettbewerbsbedingungen wohl überlegt sein müssen«.[21]

Es stellt sich also die Frage, »was der richtige Weg ist (Effektivität) und wie dann ein ausgewählter Weg beschritten (Effizienz) werden kann, um mit knappen Mitteln und im Wettbewerb ein definiertes Ziel zu erreichen. Die Effektivitätsdimension bildet deshalb eine Kerndimension (…). Sie übersetzt verantwortliche und unternehmerische Entscheidungen in zielgerichtete Strategien, Strukturen und Prozesse, damit ein wettbewerbsfähiger Beitrag zum großen Ganzen erreicht wird.«[22]

Gute Führung sollte sowohl die eigenen Potenziale als auch die der Mitarbeitenden, der Organisation und des gesellschaftlichen Umfelds erkennen – und diese weitgehend realisieren. Um das zu erreichen, brauchen Führungskräfte aus meiner Sicht eine wertebasierte Weiterentwicklung, die sie auf diesem Weg begleitet. Und sie benötigen eine Weiterentwicklung, bei der sie ihre persönliche Selbstführungskompetenz und ihre Reflexionsfähigkeit stärken können. In diesem Zusammenhang sind Werte immens wichtig – doch was kann das bedeuten? Hier ein Beispiel:

Die Geschichte des **Upstalsboom Wegs** berührt mich persönlich sehr, da ich mit 17 Jahren im Hotel Upstalsboom auf der Insel Langeoog einen Sommer lang gejobbt habe. Das war an sich schon eine ganz besondere Erfahrung, die ich nicht missen möchte. Doch Jahre später bin ich in einem ganz anderen Zusammenhang wieder auf das Unternehmen und seinen Chef Bodo Janssen gestoßen.

Das Unternehmen Upstalsboom ist einer der führenden Ferienanbieter an Nord- und Ostsee. Die Unternehmensgruppe hat sich seit der Gründung 1976 dynamisch weiterentwickelt, heute gibt es rund 650 Mitarbeiter. 2010 führte das Unternehmen eine Mitarbeiterbefragung durch, die für den Inhaber mit einem niederschmetternden Ergebnis endete: »Wir brauchen einen anderen Chef als Bodo Janssen.« Die Mitarbeiterschaft fühlte sich schlecht geführt. Statt zu schmollen oder mit Trotz zu reagieren, wurde Bodo Janssen aktiv. Er ging für einige Zeit ins Kloster, um aus dieser Erfahrung zu lernen. Regelmäßig suchte Janssen Pater Anselm Grün auf, von dessen »Team Benedikt« er viel lernte. Daraus entwickelte sich schließlich der Upstalsboom Weg, der mittlerweile zu einem Synonym für eine Unternehmenskultur geworden ist, die der Freiheit eine zentrale Rolle zukommen lässt. Jeder soll bei seiner Arbeit die Möglichkeit haben, sich persönlich weiterzuentwickeln und sich für das einzusetzen, was ihm oder ihr wichtig ist.

Die Upstalsboomer sagen selbst, dass ihr Weg auch für sie immer eine Art Reise ins Unbekannte ist. Das schmälere jedoch nicht ihre Freude daran, da der Weg ihre Arbeitswelt komplett und offenbar zum Guten hin wandele. Er fordere sie aber auch immer wieder heraus, die gewohnten Abläufe und Denkweisen zu hinterfragen. Dafür müsse man auch immer wieder einmal die persönliche Komfortzone verlassen und Risiken eingehen.[23] Die veröffentlichten Geschäftszahlen belegen diesen Erfolg, der viel mit einem modernen Führungsverständnis zu tun hat.

Führungsqualitäten

Führung bedeutet heute in erster Linie, Macht abzugeben. Es geht darum, Menschen zu vernetzen, ihnen Selbstbestimmung zu ermöglichen, die Kommunikation untereinander zu fördern und darüber hinaus individuelle Talente, einzelne Expertisen und Wissensquellen zu koordinieren. Die moderne Führungskraft bringt anderen ein tiefes Verständnis entgegen und kann sie zu Höchstleistungen bringen.

Eines der zentralen Felder, das Führungskräfte wirklich gut kennen und beherrschen sollten, ist die **Kommunikation**. Die Führungskraft muss wissen, wie man die vielfältigen Kommunikationsformen einsetzt und bestmöglich anwendet; die flexiblen Arbeitszeiten und das Homeoffice ermöglichen neue Wege der Kommunikation, die dank elektronischer Boards und virtueller Tools nicht mehr ausschließlich am Telefon oder via Meeting stattfinden muss. Die Kommunikation nach außen bekommt ebenfalls einen neuen Stellenwert: Ein Manager kann auch in sozialen Netzwerken, online und offline, zum Influencer und Ideengeber werden. Das sind neue Skills, Haltungen und Einstellungen, die Führungskräfte jetzt und in Zukunft brauchen.

Empathie und **emotionale Intelligenz** sind weitere Schlüsselkompetenzen fähiger Führungskräfte. Nichts geht ohne gute Beziehungen – und auch diese müssen sensibel gemanagt werden. Die Führungskraft muss lernen loszulassen und zu vertrauen, das Wissen der Teams steht weitaus deutlicher im Fokus und gute Führung umfasst mehr als nur das Delegieren von Aufgaben. Zuhören und persönliches Coaching werden immer wichtiger. Es ist Aufgabe der Führungskraft, die Mitarbeiter bestmöglich zu fördern, damit deren Fähigkeiten sich optimal entwickeln und sie das Beste zum Erfolg des Teams beitragen können. All das macht die Rolle der Führungskraft sehr viel persönlicher, es gilt also auch, Nähe zu zeigen und auszuhalten.

Kreativität als Quelle für Weiterentwicklung, Inspiration und Produktivität ist eine weitere wichtige Führungsfähigkeit. So wie sich die Zusammenarbeit und die Arbeitsorganisation wandeln, verändern sich auch Geschäftsmodelle immer schneller. Oft braucht es neue Lösungen, mehr Flexibilität und Anpassungsvermögen – um das zu erreichen, ist eine gute Portion Kreativität unabdinglich. Sie ermöglicht die interne Innovation und Weiterentwicklung, die Unternehmen langfristig wettbewerbsfähig hält.

Was braucht es noch? Eine wertebasierte Haltung, Herzensbildung und tiefe Freude an der Arbeit mit Menschen. Menschen sind nun einmal soziale Wesen, gemeinsames Agieren, Gruppenformate, Teamwork, Partnerarbeit und all die anderen Formen der Zusammenarbeit liegen in ihren Genen. Menschen sind dann bereit, die berühmte Extrameile zu gehen, wenn sie sich wohl und gefördert fühlen. Dafür ist maßgeblich die Führungskraft verantwortlich.

Das alles lässt sich nicht ohne eine gewisse **persönliche Resilienz** bewerkstelligen – wie sollten wir sonst gestärkt aus Krisen hervorgehen? Fehlt die Resilienz, wird die Führungskraft während dieser gewaltigen Change-Prozesse mehr straucheln als andere. Wir alle brauchen Resilienz, um aufrecht in die Zukunft gehen zu können. Das setzt jedoch eine gute Kenntnis der eigenen Persönlichkeit voraus. Eine Führungskraft, die sich selbst gut kennt, bietet sich und anderen Sicherheit. Doch dafür braucht es etwas Zeit. Persönliche Weiterentwicklung vollzieht sich oft nur in kleinen Schritten.

Um sich Resilienz und andere wertvolle Führungsqualitäten innerhalb der betrieblichen Weiterbildung anzueignen – zum Beispiel im Coaching oder in speziellen Leadership-Trainings – und diese auch anzuwenden, braucht es **psychologische Sicherheit**. Solch ein Klima erleichtert es Menschen, ihre Gedanken zu äußern. Das Psychological-Safety-Konzept ist für die Führungskräfte, die sich selbst weiterentwickeln, ebenso wichtig wie für die Mitarbeitenden und Teams. Es besagt, dass Menschen sich in der Gruppe angenommen fühlen müssen, wenn sie Feedback geben bzw. Strukturen infrage stellen.[24]

All diese Fähigkeiten erlernen Führungskräfte nicht mehr nur in Standard-Präsenztrainings, hier braucht es individuelle Lernkonzepte, die auf jede Führungskraft zugeschnitten sind.

Den Change leben

Wir brauchen in Zukunft Menschen, die befähigt sind, außerhalb ihrer eigenen kleinen Welt und Komfortzone Lösungen zu finden. Dieses Umdenken muss auch in der Wirtschaft stattfinden – und das funktioniert nur über die Änderung von Werten, eine neue Haltung, ein neues Bewusstsein.

Doch sind viele Unternehmen und / oder Organisationen bereits erkrankt oder akut gefährdet, zu erkranken. Die Gründe dafür spricht die Managementberaterin Stephanie Borgert an: »Kontrollzwang, Überbürokratisierung oder mangelnde Flexibilität sind weit verbreitet. Schwerfällig sind Unternehmen bei der Entscheidung zur Transformation vor allem, wenn sie wirtschaftlich gute Ergebnisse erarbeiten, denn dann lässt sich alles mit dem Argument ›Wieso, es geht uns doch gut‹ vom Tisch wischen.«[25]

Wie sieht die Zukunft aus?

Unsere Wirtschaft orientiert sich am monetären Wachstum, nicht am ethischen Wachstum, geschweige denn, dass sich die Big Player mit den **UN-Zielen zur Nachhaltigkeit** tiefer auseinandersetzen. In dieser Agenda formulierten die Vereinten Nationen 17 nachhaltige Ziele zur Lösung der globalen Herausforderungen. Sie umfassen unter anderem das Beenden von Armut, Hunger und Kriegen, den Schutz des Klimas und des Lebens zu Wasser und an Land sowie die Förderung nachhaltiger Industrialisierung und menschenwürdiger Arbeit, der Geschlechtergerechtigkeit und von Partnerschaften zur Erreichung dieser Ziele.[26] Der Zugang zu hochwertiger Bildung steht an vierter Stelle!

Die Zukunft ist nicht kalkulierbar – wenngleich es gewisse deutlich erkennbare Tendenzen gibt. Die Wirtschaft wird sich mehr und mehr hin zu einer sogenannten **Gig Economy**[27] wandeln, die unsere bisherige Arbeitswelt durcheinanderbringen wird. Der hohe Bedarf an Fachkräften für die komplexen Aufgaben der Zukunft – und der entsprechende Mangel – werden dazu führen, dass hochqualifizierte Talente nur für bestimmte Projekte in ein Unternehmen kommen und nach dessen Abschluss weiterziehen. Das ist das freiwillige Giggen. Die Menschen, deren Qualifikation für hochmoderne Unternehmensprozesse nicht ausreicht, müssen unter Umständen zunehmend mehrere kleine (weil geringer bezahlte) Gelegenheitsjobs parallel ausüben – das sind die unfreiwilligen Giggers. »In den USA werden 2020 rund 40 Prozent der arbeitenden Bevölkerung als Zeitarbeiter oder Freelancer arbeiten.«[28] Auch wenn das soziale System in Deutschland (noch) ein ganz anderes ist, gibt es auch hierzulande immer mehr Menschen mit Zweit- oder gar Drittjobs. Und der Fachkräftemangel macht sich ohnehin bereits heute bemerkbar.

Wir müssen umdenken. Mahner und Mahnerinnen finden sich überall und gute Beispiele ebenso. Doch wir müssen lernen – es braucht neue Überzeugungen, neues Verhalten, neue Visionen. Dazu brauchen wir stimmige Impulse, die auch aus dem Coaching und der Bildung kommen. Unter anderem deshalb ist das Modell der lernenden Unternehmen und Organisationen die Zukunft. Eine neue Lernkultur ist ein wichtiger Trägerstoff für Kollaboration, Mitbestimmung, Verantwortungsübernahme und ähnlich wichtige Aspekte in den neuen Arbeitswelten.

Je flexibler die Lernkonzepte in den Unternehmen sind, desto höher ist die Selbstverantwortung der Mitarbeitenden – Fluch und Segen zugleich, je nachdem, wie man den Hebel der inneren Haltung einstellt.

Wir müssen lernen, größer zu denken: »Wir müssen dafür sorgen, dass alle Kulturen dieser Welt in ihrer Substanz bestehen bleiben und in eine alles überwölbende Weltkultur hineingenommen werden.«[29] Aus diesem Grund gehören unsere Talente nicht nur einem Unternehmen, sondern der ganzen Welt, wie der Lernberater Kimo Kippen fordert. Seiner Meinung nach sollten Talente in Zukunft so gefördert werden, dass sie global betrachtet einen Nutzen bringen, also über die eigene Firma hinaus – ein deutlicher Paradigmenwechsel in puncto Personalentwicklung. Auf diese Entwicklung wie auch auf den digitalen Wandel müssen Führungskräfte und Trainer vorbereitet sein, mahnt Kippen. Jeder muss sich bewusst machen, dass seine eigene Entwicklung niemals abgeschlossen sein wird. Lebenslanges Lernen wird somit selbstverständlich.[30]

Lernen neu erfinden

Das bedeutet auch, dass wir anders lernen müssen. Wir müssen lernen, uns immer wieder neu zu erfinden, Altbewährtes loszulassen und auf das Ungewisse zu vertrauen. Resilienz und Disruption lauten die Schlagworte, die das aufgreifen. Auch eine große, tief greifende geistige Flexibilität gehört dazu. Meist geht sie einher mit großer emotionaler Belastbarkeit – denn Ambiguität zu leben, braucht eine persönliche Beteiligung. Sonst wird es kaum gelingen, die eigenen Glaubenssätze, Schlussfolgerungen und Werte aufzugeben und durch neue zu ersetzen.

Doch genau das kann in hochwertigen Trainings und Face-to-Face-Coachings geschehen. Deshalb brauchen wir Trainerinnen, die geistig flexibel sind, die den Change leben, über den sie sprechen, und die selbst eine gewisse Transformation hinter sich haben.

Der Weiterbildungsmarkt ist fragmentiert und die Schnittmenge des zu lernenden Wissens muss in den Unternehmen gemeinsam bestimmt werden. Weil ein jung gebliebener reifer Mensch andere Qualitäten hat als ein junger Mensch mit Reife, muss in den Unternehmen die ältere Generation der Wissenden in den Diskurs mit den jungen Menschen, den Expertinnen für »Modernes«, gehen. Beide gemeinsam müssen den Kurs bestimmen – mit den Impulsen von außen: den bisherigen Trainern und zukünftigen Lern- oder Entwicklungsbegleiterinnen, denn diese sind schlicht und einfach nicht betriebsblind. Daraus entsteht eine kostbare Schnittmenge. Diese Impulse von außen können auch exotischer Natur sein:

◆ Umgang mit dem Planeten, Nachhaltigkeit, Ökologie, Achtsamkeit, etc.: z. B. indigene Völker
◆ Veränderungskompetenz: gereifte Transgender-Persönlichkeiten, Menschen mit Flüchtlingshintergrund
◆ Burn-out: Extremsportlerinnen und Abenteurerinnen

Die Babyboomer, die Nachkriegskinder, sind völlig anders geprägt als die jungen Generationen. Aber alle zusammen teilen sich Arbeitsplätze, die täglichem Wandel und steter Veränderung unterworfen sind. Alle gemeinsam – mit dem gleichen Ansatz – weiterbilden zu wollen, ist eine Farce und ein niemals zu realisierender Wunsch. Statt das Gießkannenprinzip anzuwenden, profitieren Unternehmen viel mehr von bedürfnisorientierten Konzepten, die jeder Generation gerecht werden. Alle brauchen letztendlich eine stimmige Ansprache beim Lernen, Alte wie Junge wünschen sich positive Lernerlebnisse und ein freudvolles und sinnvolles Lernen, das sie befähigt, auf den allgegenwärtigen Change zu reagieren.

Lernen neu leben

Wer weiter spüren und den Dingen auf den Grund gehen möchte, ändert nicht nur die Arbeitskultur, sondern im gleichen Atemzug auch die Lernkultur. Das Ressort »Interne Weiterbildung« muss mit allem verbunden sein, als isolierte Einheit im Organigramm ergibt es keinen Sinn. Wer sein Unternehmen weiterentwickeln möchte, muss die einzelnen Wechselwirkungen und Prozesse zusammen betrachten.

Das Lernen in der neuen Arbeitswelt bzw. der Arbeitswelt 4.0 besteht zu großen Teilen aus Austausch – in der Gruppe, im Team und im Netzwerk sowie mit ausgewählten Experten. Neue Konzepte wie **WOL – Working Out Loud** sind der Beweis, dass sich die Arbeitswelt wandeln lässt; die Ergebnisse überzeugen.

Was aber bedeutet »Working Out Loud« eigentlich? Der Begriff beschreibt eine bestimmte Mentalität der Zusammenarbeit. John Stepper hat diese Methode – die ursprünglich von Bryce Williams in Worte gefasst worden ist – weiterentwickelt. Er »beschreibt WOL als einen Weg, um Beziehungen aufzubauen, die einem helfen ein Ziel zu erreichen, eine Fähigkeit zu entwickeln oder ein neues Thema zu entdecken. Anstatt jedoch zu netzwerken, um etwas zu bekommen, soll in Beziehungen investiert werden. Durch das Einbringen von Beiträgen aus eigener Arbeit und Erfahrungen wird jeder Teilnehmer im Lauf der Zeit besser sichtbar. Die 5 Prinzipien von WOL lauten: Beziehungen (Relationship); Großzügigkeit (Generosity), Sichtbare Arbeit (Visible Work), zielgerichtetes Denken (Growth Mindset).«[31]

Lernende Organisation

Neben Scrum und Design Thinking gibt es auch das **Konzept der lernenden Organisation**, das Peter M. Senge bereits in den 1990er-Jahren prägte. Senge gilt als Vordenker des Konzepts, das auf fünf Fertigkeiten beruht:[32]

◆ **Personal Mastery – individuelles Wachstum:** Das Konzept von Personal Mastery umfasst die beiden Aspekte Selbstführung und Persönlichkeitsentwicklung. Prägend ist dabei das kontinuierliche Streben nach Erweiterung und Entwicklung, aber auch die wiederkehrende Reflexion der eigenen individuellen Fähigkeiten, was ja nicht ganz einfach ist. Die individuellen Fähigkeiten können wiederum einen Einfluss auf das Wirken des Einzelnen in der Organisation haben. Für Peter M. Senge steht dabei der Mensch im Vordergrund, wohingegen die Leistungssteigerung ein positiver Nebeneffekt für die Organisation ist. Wichtig bei der Personal Mastery: dass jeder selbstbestimmt und aus eigenem Willen heraus die Elemente verinnerlicht und umsetzt. Freiwilligkeit und innere Überzeugung haben also eine große Bedeutung. Personal Mastery in der Organisation wird bestimmt durch den kulturellen Hintergrund, der in ihr verankert ist. Aus meiner Sicht bereitet er sozusagen das Bett für den Prozess der Personal Mastery: Ähnlich wie ein Flussbett dem Wasser den Halt gibt, gibt der kulturelle Hintergrund Halt und Kraft.

◆ **Mental Models – mentale Modelle:** Mentale Modelle beziehen sich auf die kritischen Reflexionen, die unbewusst, unhinterfragt und oftmals stillschweigend vorausgesetzte Grundannahmen beinhalten. Ein recht kritischer Diskurs, bei dem das individuelle Handeln aktiv durch die intendierten mentalen Modelle gesteuert wird. Sie werden zum Denkrahmen. Ihre Funktion besteht darin, die innere Vorstellung vom Wesen der Dinge an die Oberfläche zu bringen, sie sollen sichtbar gemacht werden. Gleichzeitig bilden mentale Modelle eine unbewusste bzw. versteckte Lebensphilosophie, denn sie bestimmen doch weit mehr den inneren Kurs, als wir oft denken. In Bezug auf die lernende Organisation werden mentale Modelle vorwiegend dazu verwendet, eine stetige Reflexion der Lernprozesse herbeizuführen. Meiner Erfahrung nach ist Selbstreflexion eine wichtige Voraussetzung, um sich weiterzuentwickeln, egal ob als Einzelne oder als Gruppe. Eine wesentliche Grundlage des Lernens ist das Verständnis der eigenen mentalen Modelle.

◆ **Shared Visioning – gemeinsame Vision:** Die gemeinsame Vision bündelt sich in einem Bild, das es vermag, viele Personen intrinsisch zu motivieren und ihnen ein gemeinsames Ziel klar vor Augen zu führen. Solch eine Vision hat eine starke Kraft und Wirkung, vor allem wenn sie die Loyalität der Gemeinschaft in sich trägt. Durch die verschiedenen persönlichen Visionen können Synergieeffekte auftreten, die am Ende ein Gesamtbild ergeben, das von allen Mitgliedern einer Organisation voll und ganz getragen wird. Ein hohes Maß an Empowerment geht damit einher.

◆ **Team Learning – Lernen im Team:** Beim Team Learning kann das Phänomen des »Ausrichtens« beobachtet werden. Darunter versteht man den Zusammenschluss von Individuen zu einer Gruppe oder Organisation. Die Funktion als Einheit wird im Wesentlichen durch die Ausrichtung der unterschiedlichen Kräfte innerhalb der Gruppe bestimmt. Ich spreche in diesem Zusammenhang auch gerne von der Kohäsion einer Gruppe, denn wenn diese Kräfte synergetisch auftreten, kann die Leistungsbereitschaft der Gruppe größer sein als die Summe der einzelnen Teile. Dieser Effekt lässt sich sehr gut nutzen.

◆ **Systems Thinking – Denken in Systemen:** Durch eine ganzheitliche Betrachtung des Systems werden die Wirkmechanismen und das zu erwartende Verhalten in einer symbolischen, formalen Sprache beschrieben. Auch das setzt die Bereitschaft zur Reflexion voraus;

dadurch können typische Verhaltensmuster (Systemarchetypen) erkannt, besprochen und bearbeitet werden.

Das Wissen teilen

Der Diplom-Psychologe und Lernexperte Johannes Moskaliuk empfiehlt, Lernen als Netzwerken zu verstehen: Zu verschiedenen Zeiten kommen verschiedene Menschen und Tools zusammen, sodass am Ende verschiedene Netzwerke verschiedenes Wissen haben, aber keiner alles weiß. Daraus lässt sich ableiten, dass auch die unterschiedlichen Abteilungen in Unternehmen unterschiedliches Wissen besitzen.

Ich bin der festen Überzeugung, dass wir unser Wissen teilen müssen. Das gilt übrigens auch im globalen Rahmen, über unsere Staatsgrenzen und Unternehmensgrenzen hinaus. Wissen sollte allen Menschen zur Verfügung stehen und darf nicht ausgewählten Hoheiten gehören, die dieses womöglich einseitig nutzen.

Ausdruck dessen ist für mich die Zunahme von **Open Educational Resources – OER –** und der **Open-Source-Konzepte**, die international zugänglich sind. Darin steckt zugleich die große Chance, für sich selbst die Lernverantwortung zu übernehmen. Dementsprechend stehen auch Unternehmen und Organisationen, Schulen und berufliche Ausbildungsorte in der Pflicht, die bestmöglichen Voraussetzungen dafür zu schaffen, das Lernen zu lernen.

Und hier kommt wieder die bereits angesprochene Idee von Kimo Kippen ins Spiel. Wir brauchen die Talente der Menschen in der Welt, es reicht nicht, sie nur für die eigene Firma zu entwickeln. Früher konnte man als Fachkraft 30 Jahre an einem Platz oder in einem Unternehmen sein. Auch der Anspruch an persönliche Weiterbildung war geringer – es gab ohnehin nicht viel Neues zu lernen. Doch das hat sich in den vergangenen Jahrzehnten rasant geändert, und der Wandel wird – ich sage es noch einmal deutlich – nie wieder so langsam sein wie jetzt. Wir brauchen neue Lösungen und Herangehensweisen, somit brauchen wir frisches Wissen, aktuelles Können und zeitgemäße Fähigkeiten. Durch kontinuierliche Veränderungen entwickeln sich Talente auch rapide weiter.

Daraus folgt: Wenn Menschen – also eben diese Talente – punktuell und projektbezogen in Unternehmen kommen, müssen die Onboarding-Prozesse schneller sein. Lange Einarbeitung ist passé – die Menschen bringen Vorwissen mit, wenn sie an einen neuen Arbeitsplatz kommen. Weiterbildung muss sie dort weiterbegleiten und -fördern, wo sie fachlich stehen, und nicht dort, wo das Webinar gerade anfängt.

Lernen lernen

Die Unternehmen wie die Mitarbeitenden müssen – nein, sie dürfen dem Lernen eine völlig neue Bedeutung beimessen und ein ständiges, lebenslanges, autonomes, selbstorganisiertes Lernen lernen. Doch wie funktioniert das?

Wir lernen, wenn die Ereignisse im Seminar uns zutiefst bewegen und eine Bedeutung für uns haben. Wir lernen, wenn wir erfahren, dass es sich lohnt, unsere Einstellung oder unser Verhalten zu ändern. Wir lernen von Menschen, denen wir Glauben schenken, denen wir vertrauen und die genau das verkörpern, was wir auch für uns möchten.

Einen Großteil der eigenen Weiterentwicklung werden Menschen aus der Gig Economy für sich selbst organisieren. Andere wiederum werden primär am Arbeitsplatz weitergebildet. Ein toller Anknüpfungspunkt für gutes Training – off- und online. Insbesondere die Jungen wählen die Wege ihrer persönlichen Weiterentwicklung sehr individuell.

Das gerade gefragte Wissen ist letztendlich überall im Netz vorhanden. Manches Mal finden sich dort schneller gute Inhaltsvideos oder TED-Talk-Beiträge, als sie das unternehmensspezifische webbasierte Training vorhält. Wir benötigen jedoch die Selbstlernkompetenz, daraus auch einen Nutzen zu ziehen. Selbstlernen geht nicht ohne Selbstmanagement. Unternehmen sollten demnach Kurse zu Lernstrategien und Lerntechniken anbieten, dann kann das frei im Netz verfügbare Wissen besser genutzt werden. Und wenn dieses Wissen interessanter und relevanter ist als das, was das Unternehmen anbietet, gibt es noch einen Grund mehr, die E-Learning-Konzepte regelmäßig hinsichtlich Akzeptanz, Relevanz und Qualität zu überprüfen.

Vor allen Dingen muss »das große Ganze« mehr in den Blick rücken. Die Unternehmen und Institutionen wissen oft noch zu wenig darüber, dass Lernen inzwischen ganz anders abläuft als noch vor wenigen Jahren. Der von Jane Hart herausgegebene Annual Digital Learning Tools Survey dokumentiert dieses neue Lernverhalten.[33] Im Jahr 2018 standen YouTube an erster und Twitter an vierter Stelle der persönlichen und beruflichen Lern-Tools. Vermutlich ist dieses Votum der

Befragten den Personalentwicklern und Trainern noch wenig bewusst, zumal PowerPoint in den Kategorien »Lernen am Arbeitsplatz« und »Ausbildung« die Nummer eins ist. Diese Befragung wird allerdings unter den Führungskräften, Trainern und Ausbildern durchgeführt und nicht unter den Teilnehmenden.

Die Studie sagt umso mehr über die Gewohnheiten der Lernenden aus – sie schauen sich Videos an, nicht PowerPoint-Präsentationen (und viele Webinare sind kaum etwas anderes als aneinandergereihte Folien). Wenn sie lebenslang lernen »sollen«, sollten die Unternehmen und die Trainer genau auf diese Gewohnheiten und Vorlieben Bezug nehmen – insbesondere im Hinblick auf die nachrückenden Millennials. Es wird künftig eine individuelle Mischung aus Trainings, webbasierten Kursen, Inhalten, die im Berufsalltag gelernt und angewendet werden, und anderem sein. Führungskräfte sollten ihre Mitarbeiter genau in diesem individuellen Mix unterstützen, sodass diese wirklich »lebenslang Lernende« werden. Letztlich profitieren das Unternehmen *und* die Mitarbeitenden davon. Beide sind Garanten für einen gelingenden Kulturwandel.

Ein weiterer Trend im Bereich Lernen: das **Modell des Ökosystems zur Digitalisierung der Unternehmen**. Für viele Menschen hat die neue smarte Technik große Vorteile; sie macht ihren Alltag leichter, sicherer und bequemer. Solche smarten Lösungen und Ideen erwarten sie auch von Dienstleistern und Verkäufern. Ein digitales Ökosystem umfasst dann alle digitalen Systeme und alle Personen, die damit verbunden sind (Unternehmensmitarbeiter einschl. Management, Kunden, Interessenten, Dienstleistern, Zulieferern etc.) – wobei der Kunde der entscheidende Akteur ist. Genau an dieser Stelle liegt für viele Unternehmen eine der aktuellen Herausforderungen: Viele ihrer Mitarbeitenden sind diesem Prozess (noch) nicht gewachsen, interne Prozesse sind noch nicht vollständig digitalisiert und ändern sich manchmal schneller, als man sie implementieren kann. So wurden die bis vor Kurzem viel gelobten Apps längst wieder von Bots abgelöst, weil viele Kunden keine Formulare mehr ausfüllen wollen, seit Alexa und Co. alles über eine Spracherkennung erledigen und herbeischaffen.

Einen wichtigen Aspekt kann ich an dieser Stelle nur andeuten: Wissenschaftler wie Manfred Spitzer warnen bereits vor den negativen Auswirkungen der Digitalisierung: Durch den fast ununterbrochenen Aufenthalt in der digitalen Welt kann es zu erheblichen gesundheitlichen Beeinträchtigungen kommen. Die Sache ist wie so oft zweischneidig. Einerseits können durch Anwendungen der virtuellen Realität Phobien behandelt werden, andererseits können sie auch Traumata auslösen.[34] Es braucht also bezogen auf Chancen und Risiken der Digitalisierung ein hohes Bewusstsein und entsprechende Achtsamkeit, was der eigenen Gesundheit (noch) zuträglich ist, und bewusste Auszeiten von allem Digitalen und Schnellen.

Darüber hinaus bleibt noch die Frage, ob wir wirklich wollen, dass die künstlichen Intelligenzen (KI) einen Teil unseres Denkens übernehmen. Unsere Gedanken, unser Wissen und all die abgespeicherten Eindrücke, die wir im Kopf haben, machen uns als Menschen aus. Wir sind einzigartig durch sie und sollten uns das nicht nehmen lassen.

Weiterbildung neu leben

In den letzten Jahren haben insbesondere die großen Unternehmen auf **E-Learning** gesetzt und entsprechende, recht umfangreiche Programme eingeführt. Viele Trainerinnen haben im Zuge dieser Entwicklung auf Webinar & Co umgesattelt oder ihr Portfolio dahingehend erweitert. Die Begeisterung hält sich bei den Unternehmen und Trainern jedoch sehr in Grenzen. Der Weg zu diesen neuen Formaten war mühsam und nicht immer hat sich der Erfolg eingestellt, auf den man gehofft hatte. Wie soll es auch anders sein? Ein Blended-Learning-Konzept, das gerade erst etabliert wurde, kann solch komplexe Systeme wie E-Learning für einen Großkonzern oder ein internationales Unternehmen nicht nebenbei integrieren. Und wer dachte, dass sich schlechte oder unzureichende Trainings durch E-Learning automatisch verbessern, lag damit falsch. Trainingskunst bleibt Trainingskunst – egal ob Präsenztraining oder digitales Format!

Die aktuellen Trends im E-Learning-Bereich scheinen mir so vielfältig wie die Branche selbst. Es gibt jedoch einige Fixpunkte:

◆ Videos sind klar die Nummer eins in der Anwendung.
◆ Augmented Reality (AR) und Virtual Reality (VR) sind weiter im Kommen.
◆ Adaptives Lernen wird das Lernen der Zukunft stark verändern, weil es sehr ökonomisch ist und diverse Prozesse, wie zum Beispiel das Onboarding, beschleunigt.

- Viele Firmen, auch Start-ups, sind in Sachen E-Learning aktuell mit kleineren oder Detaillösungen unterwegs.
- Viele Unternehmen sind mittlerweile dabei, weitere Blended-Learning-Lösungen und -Konzepte zu implementieren, weil die ersten oder auch zweiten Ansätze noch nicht zufriedenstellend waren.
- Die Digitalisierung an den Schulen wird noch einige Zeit in Anspruch nehmen, auch wenn der DigitalPakt beschlossene Sache ist.[35]

Der Alltag in den Unternehmen strahlt keine E-Learning-Zufriedenheit aus – ganz im Gegenteil: »Sabrina Schulze von der Deutschen Bahn etwa berichtete von den Bemühungen des Konzerns, der in großem Umfang kleinteiligen digitalen Content bereitgestellt hat, mit dem sich Mitarbeiter nach Bedarf am Arbeitsplatz weiterbilden können. Die Bilanz: Nur 58 Prozent der Mitarbeiter bescheinigen dem Angebot Effektivität. Und nur etwas mehr als die Hälfte ist überhaupt willens, selbstorganisiert zu lernen.«[36] Hier gibt es also noch viel zu tun.

Was Lernende wollen

Wir brauchen eine gelungene Verzahnung von Präsenztrainings und -coachings sowie Online-Lernplattformen und Tools auf pädagogisch-didaktisch hohem Niveau. Noch sind nicht alle Unternehmen für diesen Trainings- und Bildungswandel gut genug aufgestellt. Die folgenden Zahlen sind frappierend – zeigen aber gleichzeitig auch Lösungen auf:[37]

- 79 Prozent der Beschäftigten wünschen sich laut einer Studie der Haufe Akademie ein individuelles Coaching, doch nur 20 Prozent der Unternehmen bieten ein solches an.
- Zwei Drittel der Mitarbeiter würden Online-Kurse und Präsenzveranstaltungen gerne im Rahmen ihrer Weiterbildung kombinieren, aber nur 13 Prozent der Unternehmen stellen ihren Mitarbeitern Blended-Learning-Formate zur Verfügung.
- 45 Prozent der Mitarbeiter können sich zudem vorstellen, sich auch in ihrer Freizeit beruflich weiterzubilden. Fast jeder Dritte denkt darüber nach, auch am Wochenende oder im Urlaub zu lernen.

◆ 13 Prozent der Mitarbeiter würden bis zu 100 Euro für die eigene Weiterbildung beisteuern. 15 Prozent können sich sogar vorstellen, 200 Euro jährlich aus der eigenen Tasche beizutragen. Und ganze 33 Prozent der Mitarbeitenden würden bis zu 1000 Euro im Jahr für die eigene Weiterbildung aufbringen. Im Gegenzug sehen sie die Unternehmen jedoch in der Pflicht, die entsprechende und geeignete Infrastruktur zu schaffen, die es ihnen ermöglicht, selbstbestimmt, individuell und flexibel zu lernen.

Umsetzung im Unternehmen

E-Learning muss Teil der Gesamtstrategie eines Unternehmens und dessen gesamter Lern- und Unternehmenskultur sein. Es muss beides erfahrbar sein: die Lern- und die Arbeitskultur. Digitales und soziales Lernen müssen Hand in Hand gehen. Sie sind der Schlüssel für einen übergreifenden Kulturwandel im Unternehmen.

Nach wie vor brauchen wir Präsenzlernen, also das Erleben, Erproben und Etablieren anhand von praxisnahen Beispielen – das Ganze möglichst im eigenen Kontext und angeleitet durch eine versierte Trainerin, die sich in der Trainingskunst bestens auskennt und sinnvolles Feedback gibt. Aber das reicht bei Weitem nicht aus: Die bisherigen, relativ eindimensionalen Weiterbildungskonzepte sind nicht mehr tragfähig und zukunftsweisend.

Das betrifft auch die Arbeit der **Personalabteilung**. Die großen Konzerne und Unternehmen wünschen sich Systeme und Lösungen, die Prozesse bündeln und zusammenführen. So soll beispielsweise die Auswahl der Bewerberinnen und Bewerber mittels Kompetenzprofil bzw. Stärkenanalyse erfolgen und die Persönlichkeitsanalyse mit der individuellen Weiterbildungsplanung vereint werden. Da tun sich große neue Felder der Personalentwicklung auf, für die die Konzepte der klassischen Personalabteilung längst nicht ausreichen.

Traditionell arbeitende Trainer werden vor diesem Hintergrund fast bedeutungslos. Viele von ihnen befürchten, keine Aufträge mehr zu bekommen, und halten an ihren teilweise sehr starren Trainingskonzepten fest. Diese sind meistens nicht mehr aktuell, insbesondere wenn sie nicht an das digital gestützte Weiterbildungskonzept geknüpft sind.

Ähnlich sieht es bei den **kreativen Seminarmethoden** aus. Die Methodenbücher stapeln sich in den Regalen der Personalabteilungen und der Trainerinnen. Alle wünschen sich Ideen, Anregungen und Lösungen für ihre Seminare. »Hauptsache, kreativ« ist aber kein Garant für hochwertige Trainings. Natürlich, es ist gut, dass Trainings kreativ sind, doch auf welcher Ebene bewegt sich diese Kreativität? Viel zu oft haben wir es mit reinem Klamauk zu tun und von einem didaktisch durchdachten Werk, das klaren Lernzielen folgt, ist nichts zu sehen.

Die Unternehmen brauchen Kreativität, aber sie muss zu dem passen, was dort gerade an Geschichte geschrieben wird, und zu dem, der da gerade die Geschichte schreibt. Es braucht ganzheitliche und miteinander verbundene Trainings und Weiterbildungskonzepte statt einzelner Tages- oder Mehrtagestrainings. Der Spirit und die Magie des aktuellen Change-Prozesses, seine Werte und Themen müssen sich letztendlich in allem abbilden: Tagungen und Incentives, Meetings, Konferenzen, Barcamps, Seminare etc. Trainer, die ihr Wissen, ihr Können und ihre Botschaft nicht in den Unternehmenskontext einflechten können, werden bald nicht mehr mitkommen. Trainings müssen zu den Unternehmen passen – nicht umgekehrt.

Damit verändert sich die Rolle der Trainerinnen; sie werden zu Lösungsgebern, Ideenfinderinnen und vielleicht zu Ratgebern. Sie stehen in einem tiefen Kontakt mit den Menschen, die in diesem Unternehmen gerade etwas bewegen oder voranbringen wollen. Der Gedanke, dass Weiterbildungsziele und -konzepte zukünftig noch aus der Personalabteilung kommen, ist meines Erachtens nicht mehr zeitgemäß. Vielmehr sollte sich ein Gremium aus mehreren klugen Köpfen bilden, aus Visionärinnen und Menschen, die Verantwortung tragen und gemeinsam nach den nächsten Schritten zur Weiterbildung suchen. Dort gesellen sich die Trainerinnen dazu und schmieden diese Pläne mit.

Einzeltrainer denken oft zu klein – der Fokus ist beispielsweise auf das eine Führungskräftetraining oder Teamtraining gerichtet, das sie gerade so mit ihren Kompetenzen abdecken können. Unternehmen denken jedoch immer globaler, die Führungskräfte müssen weltweit weitergebildet werden, sonst sind sie keine geeigneten Vorbilder für ihre Mitarbeitenden. Die Wirtschaft und der Umsatz boomen: Eine zeitgemäße Weiterentwicklung ist also vonnöten.

4. Wie lernen wir? Wissenschaftlicher Hintergrund

Die Kompetenzstufen des Lernens

Wie oft heißt es: »Du musst den Teilnehmer dort abholen, wo er ist«, ihn also da ansprechen, wo er wissens- und kompetenzbezogen gerade steht. Das ist bei heterogenen Gruppen im Präsenztraining fast unmöglich. Während der Stoff für den einen Teil der Gruppe noch einmal basisorientiert aufbereitet wird, langweilt sich der andere Teil, weil er dieses Wissen schon sicher umsetzt. Das Stichwort »Binnendifferenzierung« versucht diesen Spagat – insbesondere in der innerbetrieblichen Bildung – zu beschreiben.

Die Übergänge zwischen Unter- und Überforderung der Lernenden bzw. Teilnehmenden sind fließend, vor allem wenn das Wissen nach dem Gießkannenprinzip ausgossen wird. All das ist unabhängig davon, was ein Mensch von sich aus kann bzw. was er aufgrund seiner persönlichen Gaben und Fähigkeiten aus sich selbst herausbildet. Diese individuellen und teilweise speziellen Kompetenzen sind im beruflichen Alltag nicht immer gefragt, vor allem wenn sie eher privater Natur sind – ich denke da zum Beispiel an Menschen, die für einen Ironman trainieren oder die gerne fantasievolle Geschichten schreiben. Auch wenn solche Fähigkeiten nicht unbedingt für den Arbeitsplatz notwendig sind, sind sie doch für den jeweiligen Menschen wichtig und er kann etwas davon indirekt in seinen Job einbringen. Eines steht fest: Wir sind dann besonders gut, wenn wir das, was wir tun, gerne tun. Das muss allerdings nicht unbedingt das sein, was am Arbeitsplatz gefordert wird. Unabhängig davon bringen Menschen ja immer eine Fachexpertise mit – und je nach Stelle oder Projekt treffen sie mit ihrem persönlichen auf den gewünschten oder geforderten Wissensstand.

In vielen Unternehmen geht es, bezogen auf die Bildungsmaßnahmen, darum, berufs- oder stellenbezogenes Wissen zu erlangen. Das gilt besonders für die Einarbeitungsphase und die persönliche Weiterentwicklung auf der Karriereleiter. Hier wird deutlich, wie wertvoll **Blended-Learning-Konzepte** und **adaptives Lernen** sind. Beide Ansätze ermöglichen individuelle Einarbeitungs- und Compliance-Kurse. Jemand, der bereits über sehr viel Berufserfahrung und Fachwissen verfügt, braucht beim Jobwechsel keine grundlegende Schulung mehr, er oder sie profitiert von Kursen, bei denen auf dem entsprechenden individuellen Kompetenzlevel gearbeitet wird – und das fördert die Motivation.

Stufenweise Weiterentwicklung

Das Modell der vier Kompetenzstufen des Lernens begleitet mich schon seit mehr als 20 Jahren. Es stammt von Gordon Training International[39] und ich finde es immer noch sehr aktuell. Es legt zum Beispiel Wert darauf, dass Menschen so bewusst wie möglich lernen – aus eigener Motivation heraus, wie das meines Erachtens auch bei der Gig Economy der Fall ist. Das Modell ist außerdem die Basis adaptiver Lernkonzepte, wo jede und jeder Lernvorschläge für das individuelle Level bekommt.

Die vier Stufen des Lernens umfassen:[40]

◆ die unbewusste Inkompetenz,
◆ die bewusste Inkompetenz,
◆ die bewusste Kompetenz sowie
◆ die unbewusste Kompetenz.

◆ **Die unbewusste Inkompetenz:** Auf dieser Stufe des Lernens wissen wir als Lernende nicht, was und wie etwas zu tun ist. Ein unschuldiger Urzustand. Und wir wissen auch nicht, dass wir es nicht wissen. Wir ahnen noch nicht, wie umfangreich das ist, was wir jetzt lernen wollen. Oft sind wir genau deshalb in dieser Phase sehr motiviert. Wir wissen noch nicht, was uns erwartet und wie kompliziert etwas sein kann. Das verschafft uns ein gewisses Gefühl der Unbedarftheit. Aber es birgt auch die Gefahr, dass wir uns in diesem Stadium kompetenter einschätzen, als wir sind. Das wird als Dunning-Kruger-Effekt bezeichnet und meint die systematisch fehlerhafte Neigung relativ inkompetenter Menschen, ihr eigenes Wissen und Können zu überschätzen und die Kompetenz anderer zu unterschätzen. Sie neigen dazu, das Ausmaß ihrer Inkompetenz nicht zu erkennen. Diese Personen können durch Bildung und Übung ihre Kompetenzen steigern und auch lernen, sich und andere besser einzuschätzen.[41] Unternehmen, die mit hochwertigen adaptiven E-Learning-Programmen arbeiten, beugen dieser Fehleinschätzung vor: Das Programm erkennt nach wenigen Frage-Antwort-Sequenzen, welche Kompetenzstufe eine Lernende hat.

◆ **Die bewusste Inkompetenz:** Wir wissen noch nicht, wie wir etwas erreichen können, sind uns in diesem Stadium allerdings unserer Defizite bewusst. Angenommen, wir haben uns entschieden, etwas bewusst zu lernen, zum Beispiel Gitarre zu spielen. Nun machen wir erste Versuche und nehmen Unterricht. Wir bekommen ein grundsätzliches Verständnis für die Griffe und Akkorde, setzen uns mit der Handhabung des Instruments, mit Liedtexten und all den parallelen Abläufen auseinander. Nicht nur die plötzlich schmerzenden Fingerkuppen lassen uns spüren, wie sehr wir noch am Anfang stehen. Uns wird mehr und mehr bewusst, was noch alles vor uns liegt. Wenn wir intrinsisch motiviert sind, lernen wir in dieser Phase sehr intensiv. Unser Wollen ist stark ausgeprägt, obwohl das Lernen manchmal anstrengend oder schwer ist. Zudem können wir unser Handeln und unsere Fähigkeiten noch nicht reflektieren.

◆ **Die bewusste Kompetenz:** Nun wissen wir, wie wir etwas erreichen können, wir können auch unsere Kompetenzen und Defizite reflektieren. Wir werden leichtfüßiger, wir kennen uns besser aus, wir können einfache Lieder auf der Gitarre spielen und auch dazu singen. Andere bestätigen uns, dass wir gut sind, also keine blutigen Anfängerinnen mehr. Wir beherrschen das Gitarrespielen, aber echte Meisterschaft haben wir noch nicht erreicht. Wir dürfen schon ein bisschen stolz sein, obwohl wir bei der Demonstration unseres Könnens noch eine erhöhte Konzentration und Bewusstheit brauchen. Es geht noch nicht intuitiv, wir zerlegen komplexe Vorgänge auch in Einzelschritte, um sie besser zu bewältigen.

◆ **Die unbewusste Kompetenz:** Nun sind wir so weit, dass wir einfach so losspielen können. Wir können Lieder auswendig, nehmen eine Gitarre zur Hand und legen automatisch los – ohne noch lange darüber nachzudenken, wie es geht. Es ist uns in Fleisch und Blut übergegangen, wir handeln intuitiv, und zwar so intuitiv, dass wir unser Handeln auch nicht mehr reflektieren können.

Es braucht also einige Schritte, bis wir etwas wirklich verinnerlicht haben und sagen können, dass wir es beherrschen.

Dieses Modell ist für mich eine zentrale Basis, wenn ich Trainings und Seminare entwickele – dann frage ich mich, auf welcher Stufe die Teilnehmenden stehen, und dadurch weiß ich, was noch vor ihnen liegt und wie ich einen Rahmen dafür schaffen kann, dass sie von sich aus motiviert sind. Außerdem habe ich mithilfe des Modells ein tieferes Verständnis für Menschen entwickelt, die sich ganz am Anfang, auf der ersten Stufe befinden und noch nicht ahnen, was sie alles nicht wissen. Und ich kann nach- und mitfühlen, wenn Menschen zwischendurch frustriert sind. Das hat wiederum Auswirkungen auf die Wahl von Methoden und das Ausgestalten von Lernsettings.

Das Kompetenzstufenmodell ist die Basis für adaptives Lernen – damit vermeiden wir einerseits Überforderung und Frust und andererseits Langeweile und Unterforderung.

Neurobiologische Grundlagen des Lernens

Das Lernen ist uns in die Wiege gelegt, wir lernen automatisch, indem wir erkennen. Ein Beispiel: Wenn ein Kleinkind feststellt, dass es mit dem Krabbeln nicht mehr ausreichend vorankommt, übt es sich im Stehen und Gehen, auch wenn das zuweilen sehr mühevoll ist. Gelingt ihm das Laufen dann endlich, stolpert es glücklich quietschend durch das neue Leben.

Wir versuchen also mit unseren bisherigen Erfahrungen, Kompetenzen und Fähigkeiten so lange zurechtzukommen, wie es nur eben geht. Das reicht uns so lange, bis es neue Wünsche oder Bedürfnisse gibt. Wir stellen fest, dass wir nicht mehr weiterkommen, erst dann sind wir in der Lage, uns für etwas Neues zu öffnen.

»Menschen lernen durch den Ausbau, die Differenzierung und Veränderung ihrer Erfahrungen. Lernen muss dafür selbst zum ›Erfahren‹ werden, um wirksam und nachhaltig an den vorhandenen Mustern der Weltaneignung und Welterzeugung ansetzen zu können. Dieses Erfahren kann ermöglicht, nicht erzeugt werden, denn keiner kann wirklich stellvertretend für einen anderen etwas erfahren.«[42]

Persönlichkeit und Gehirn

Der Hirnforscher Gerhard Roth hat in seinen Büchern und Artikeln eindrucksvoll und auch für Nicht-Biologen gut nachvollziehbar beschrieben, warum es so schwer ist, sich selbst und andere zu »ändern«. Dies betrifft sowohl die Ebene der Persönlichkeit als auch die Veränderungen bestimmter Verhaltensweisen und Fähigkeiten.

Hintergrund sind vielfältige, schon vorgeburtlich und in der frühen Kindheit ablaufende Prozesse, sich in der Sozialisierung weiter verfestigende Prägungen und individuelle, hormonell gesteuerte Abläufe, die dazu führen, dass wir Menschen eben »nicht aus unserer Haut können« – zumindest weitgehend. Einen kleinen Überblick der aus meiner Sicht wichtigsten Zusammenhänge möchte ich – Bezug nehmend auf Professor Roth – im Folgenden geben:

Die moderne Hirnforschung geht davon aus, »dass die Persönlichkeit im Gehirn und im weiteren Sinne im peripheren Nervensystem verankert ist, das wiederum mit dem Körper und seinen Funktionen eng zusammenhängt.«[43] Man weiß heute, dass das Gehirn in recht klar strukturierte Areale mit unterschiedlichen Funktionen bzw. Teilfunktionen aufgeteilt ist. Viele Prozesse und Abläufe sind so komplex, dass verschiedene Zentren des Gehirns daran beteiligt sind, die als Netzwerk fungieren bzw. sich in der Funktion überlappen. Verschiedene Funktionen können auf verschiedene Weise ausgeführt werden, worauf die Veränderbarkeit des Gehirns, die Plastizität, beruht.

Viele Menschen können sich meist schnell und ohne Probleme auf Veränderungen im Arbeitsalltag einstellen, dies gilt auch für den privaten Bereich. Ein Orts- oder Berufswechsel ist dagegen schwieriger, »noch schwerer ist es, langjährige, liebgewonnene Gewohnheiten aufzugeben. Am schwersten fällt es einem, sich in grundlegenden Anteilen der Persönlichkeit wie Impulskontrolle, Pünktlichkeit, Sorgfalt, Sauberkeit, Ausdauer, Offenheit, Ehrlichkeit und Vertrauen zu ändern.«[44]

Grundlegende Veränderungen fallen den meisten Menschen also schwer. Aber dafür gibt es vielfältige Lösungen. Eine gute Unternehmenskultur, geeignete Trainings- und Coachingmaßnahmen und vor allem ein wohlwollendes Miteinander inklusive der psychologischen Sicherheit unterstützen Menschen bei solchen Veränderungen.

Man geht, so Roth, »davon aus, dass jede Persönlichkeit von einem charakteristischen Mosaik teils situationsspezifischer, teils situationsübergreifender Denk-, Fühl- und Verhaltensweisen charakterisiert wird. Dieses Muster bildet sich in der Kindheit aus und stabilisiert sich zum Erwachsenenalter hin zunehmend. Hierbei sind unterschiedliche Bereiche des menschlichen Fühlens, Denkens und Handelns unterschiedlich veränderbar.«[45]

Es gibt vier Ebenen der Persönlichkeit, die, anatomisch gesehen, von unten nach oben aufgebaut sind.

Nach Roth entwickelt sich die **unterste Ebene (die vegetativ-affektive Ebene)** schon früh in der Schwangerschaft und wird durch die limbische Grundachse repräsentiert, »die vornehmlich vom Hypothalamus einschließlich der präoptischen Region und der Hirnanhangdrüse (Hypophyse), der zentralen Amygdala, Teilen des basalen Vorderhirns … und den vegetativen Zentren des Hirnstamms gebildet wird.

Die Vorgänge auf dieser Ebene sichern die biologische Existenz des Menschen über die Kontrolle des Stoffwechselhaushalts, des Kreislauf-, des Temperatur-, Verdauungs- und Hormonsystems, der Nahrungs- und Flüssigkeitsaufnahme, des Wachsens und Schlafens und der damit verbundenen Bewusstseinszustände. Ebenso werden durch diese Ebene unsere spontanen affektiven Verhaltensweisen und Empfindungen wie Angriffs- und Verteidigungsverhalten, Dominanz- und Paarungsverhalten, Flucht und Erstarren, Aggressivität, Wut etc. gesteuert.«[46] Man kann also hier von einem stammesgeschichtlichen Erbe sprechen, das uns immer wieder im Alltag beeinflusst, ohne dass wir es bewusst steuern können.

Die nächsthöhere **zweite Ebene** ist die **der emotionalen Konditionierung**, zu der vor allem Teile der Amygdala und das mesolimbische System als Gegenspieler gehören. In den entsprechenden Teilen der Amygdala lernen wir – weitgehend unbewusst –, wovor wir uns fürchten müssen. Was früher der Säbelzahntiger war, ist jetzt der gestrenge Chef oder die Schulung, bei der schon die Ankündigung reicht, gewisse Versagensängste zu aktivieren. Das mesolimbische System sagt uns hingegen, was uns Spaß, Freude und Lust bereitet und was dafür anzustreben ist. Es ist deshalb das Belohnungssystem unseres Gehirns.

Die erste und zweite Ebene repräsentieren gemeinsam »die unbewusste Grundlage der Persönlichkeit und des Selbst, d.h. der Grundweisen der Interaktion mit uns selbst und unserer unmittelbaren, persönlichen Umwelt«[47]. Hier spielen unsere früheren Bindungserfahrungen eine große Rolle. Roth meint, »diese Ebene bleibt ein Leben lang egoistisch-egozentrisch und stellt immer die Frage ›Was habe ich davon?‹. Sie ist das Kleinkind in uns.«[48]

Darüber befindet sich die **dritte Persönlichkeitsebene**, zu der bestimmte stammesgeschichtlich ältere limbische Areale der Großhirnrinde gehören. Nach Roth entwickelt sich diese Ebene zum Teil erst von der Kindheit bis ins Erwachsenenalter und ist Grundlage der »bewussten individuellen und sozial vermittelten ›Ich-Existenz‹. Damit ist diese Ebene auch der entscheidende Einflussort der Erziehung. Auf ihr lernen wir, uns den Bedingungen der natürlichen und gesellschaftlichen Umwelt anzupassen. Wir lernen, dass kurzfristige Belohnungen nicht immer auch langfristig positiv sind, dass Anstrengungen, Opfer und Durststrecken sich manchmal auszahlen, dass Kompromisse geschlossen und Rangfolgen von Handlungszielen erarbeitet werden müssen.«[49]

Darüber gibt es die **vierte, die kognitiv-kommunikative Ebene**, die bestimmte Areale im Neocortex umfasst. Dazu gehören neben dem »Arbeitsspeicher« des Gehirns – dem Sitz des Verstandes und der Intelligenz – die beiden Sprachzentren. Die Entwicklung dieser Ebene beginnt vorgeburtlich und reicht bis in das Erwachsenenalter hinein. Sie wirkt mildernd bzw. hemmend auf die darunter liegenden Ebenen ein, sodass der Egoismus der unteren Ebenen überwunden und Ethik und Moral Grundlagen unserer Gesellschaft werden können.

Wie lassen sich Veränderungen bewirken?

Natürlich haben das Temperament einer Person, epigenetische Faktoren und Genvariationen, die Fürsorge der Mutter und viele andere Faktoren einen Einfluss darauf, wie sich ein Mensch entwickelt, wie sein Hormonsystem arbeitet, wie er Stress verarbeitet etc.

Inzwischen gehen viele Wissenschaftler davon aus, dass eine Veränderung beim Menschen von innen heraus geschehen muss, damit sie langfristig wirksam ist. Diese Veränderungen sind im Hinblick auf wesentliche Dinge der Lebensführung eher selten, was mit dem Belohnungssystem der Person zusammenhängt.

»Ein Weitermachen wie bisher trägt eine starke Belohnung in sich als Lust an der Routine, am Expertentum, am Statusbewahren. Hinzu kommt die Angst vor dem Neuen, das immer auch das Risiko des Scheiterns in sich birgt. Dies erzeugt bei vielen Menschen eine hohe Schwelle, welche der Belohnungswert der Veränderungen des eigenen Verhaltens überwinden muss.«[50]

Menschen in ihrem Verhalten zu ändern ist sehr schwer, und zwar umso schwerer, je tief greifender die Veränderungen sind. Dies erklärt natürlich, warum Menschen besonders im beruflichen Bereich so oft und gerne sagen: »Das haben wir schon immer so gemacht«, oder: »Früher war alles besser!« Die Widerstandskraft kann enorm sein – entsprechend müssen die Konzepte gestaltet sein, in denen Menschen sich zur Veränderung bekennen sollen.

In einem Training an bestimmten Fähigkeiten und Fertigkeiten zu arbeiten ist leichter, als bestimmte Einstellungen und Verhaltensweisen zu verändern. Erstere werden zunächst bewusst und über die entsprechenden Bereiche der Großhirnrinde verarbeitet, allmählich durch Wiederholungen / Üben verändert und dann in anderen Hirnbereichen abgespeichert, wo sie dann unbewusst zur Verfügung stehen. Geht es um Einstellungen, Glaubenssätze und Verhaltensänderungen, sieht es anders aus. Kognitiv bestimmte bzw. beeinflusste Verhaltensänderungen sind möglich, meist aber nur in einem kleineren Bereich; der Mensch passt seine Umstände meistens an seine Prägungen an.

Aber wie können Veränderungen dann funktionieren? Gerhard Roth diskutiert drei Strategien, und zwar jeweils aus der Sicht eines Vorgesetzten bezogen auf seine Mitarbeitenden.

Der **erste Ansatz** dürfte allgemein bekannt sein, da er am häufigsten praktiziert wird: **der Befehl von oben**. Ein Wechsel der Firmenleitung, ein Strategiewechsel o. Ä. steht an und wird ohne jegliche Moderation oder Erklärung verkündet. Das macht die künftige Vorgehensweise deutlich. Wer sich damit nicht einverstanden erklärt, kann das Unternehmen verlassen, die anderen können bleiben, erhalten jedoch keine Erklärung. Bei ihnen wird ein Vermeidungsverhalten ausgelöst inklusive Stress, Angst und Verlust jeglicher Kreativität. Die Mitarbeiter ändern zwangsweise ihr Verhalten, können aber keine Belohnung wie bisher erwarten. Selbst wenn sie sich in die Situation einfinden, wird ihr Unbewusstes immer wieder fragen: »Was habe ich davon?«

Eine **zweite Strategie** ist nach Roth der **Appell an die Einsicht**. Beispielsweise erläutert die Betriebsleitung die kritische Situation der Firma allen nachvollziehbar und bittet um Verständnis für ihr verändertes Vorgehen. Möglicherweise verzichtet sie auf betriebsbedingte Kündigungen; auf Kollegen, die schon lange im Unternehmen sind oder Familie haben, wird besonders geachtet. Bei den Mitarbeitern, die im Unternehmen bleiben, wird das soziale Ich angesprochen, sie werden nach außen Verständnis zeigen. Aber ihr unbewusstes Ich wird fragen: »Warum muss ausgerechnet ich draufzahlen? Warum nicht andere oder der Chef?« So vermindert sich ihr Arbeitseifer, sie werden krank, kritisch oder gar zu Querulanten. Dieses Abwehrverhalten gilt insbesondere in Bezug auf neue Informationen, die via Schulung in den Berufsalltag transportiert werden sollen. Stoßen diese nicht auf wirkliches Interesse, sind Kontraindikationen der Teilnehmenden vorprogrammiert.

Die **dritte und schwierigste Strategie** ist die **Orientierung an der Persönlichkeit**. Es geht unter anderem darum, die Mitarbeitenden zu halten, die man für unersetzlich und ausbaufähig hält. Dazu muss ein Vorgesetzter die spezifische Persönlichkeit des Mitarbeiters genau studiert haben, seinen Persönlichkeitstyp einschätzen können und sein Belohnungssystem identifizieren. Dies ist einer der Gründe, warum Persönlichkeitstests und die dazugehörigen Modelle so verbreitet sind. Die Vorgesetzten lernen die Mitarbeiter dadurch besser kennen.

Es geht darum, dem Mitarbeiter die Belohnung zu liefern, die er für eine kreative Tätigkeit braucht. Diese Kenntnis der Belohnungsstruktur hält Roth für eine wesentliche Voraussetzung für längerfristige und kreative Veränderungen beim Mitarbeiter. Eine andere sind Verhalten und »Ausstrahlung« des Vorgesetzten, wobei der nonverbale Anteil der Kommunikation dabei die größte Rolle spielt.

Wir alle verarbeiten eine Vielfalt von mimischen Signalen, Gesten, Gerüchen und andere teils unbewusste Signale, während wir uns mit einem Menschen unterhalten, und werden von unserem Nervensystem wie nebenbei darüber informiert, ob unser Gegenüber vertrauens- und glaubwürdig ist oder nicht. »Wenn eine Person als Vorgesetzter oder auch als Privatmensch jemanden dazu bringen will, sein Verhalten so zu ändern, wie die Person es will, so ist es vor allem anderen eine Frage der eigenen Glaubwürdigkeit.«[51] Der Vorgesetzte muss Vorbild sein in allem, was er von den Mitarbeitern fordert. Die Botschaft an sie muss lauten, dass er sich für sie interessiert, sie kennenlernen und in ihren kreativen Möglichkeiten fördern will. Diese Vorbildfunktion sollte eines der besonders wichtigen Themen in der Entwicklung von Führungskräften sein. Das Gleiche gilt unbedingt für Trainer. Wenn sie nicht glaubwürdig sind oder den »Stoff« oder die Werte nicht durchdrungen haben, spüren das die Teilnehmenden. Das sollten die für die Weiterbildung Verantwortlichen in den Unternehmen bei der Auswahl geeigneter Trainings (bzw. Trainer) unbedingt mit berücksichtigen.

Das allgemeine Fazit lautet also: »Jede Motivation von außen ist nur dann langfristig wirksam, wenn sie zur *Selbstmotivation* wird, und jede externe Belohnung muss schließlich zur *Selbstbelohnung* werden.«[52]

Was bedeutet das für das Training?

Natürlich geht es in vielen Trainings immer noch um kognitive Wissensvermittlung – aber das wird und muss sich schnell ändern. Das **kognitive Lernen** zeigt eine mittlere Plastizität oder Stabilität. »Wir können ein Leben lang lernen und uns beispielsweise Sachwissen in einem bestimmten Gebiet aneignen. Dies geht im Kindes- und Jugendalter sehr gut, aber auch noch im Alter von 20 bis 40 Jahren. Um das Alter von 30 Jahren herum erleben die meisten von uns den Höhepunkt unserer kognitiven Fähigkeiten, denn dann ist unsere allgemeine (oder »fluide«) Intelligenz, also die Schnelligkeit des Erkennens und Assoziierens, immer noch sehr hoch. Zugleich haben wir (hoffentlich) genügend Alltags- und Expertenwissen (»kristalline Intelligenz«) angehäuft, um Probleme schnell und effektiv lösen zu können. Dann lassen neben den Sinnesorganen auch die Denk- und Gehirnleistungen sowie die Intelligenz langsam nach.«[53] Die zuletzt erwähnte Entwicklung können wir jedoch durch bestimmte Routinen und Lebenserfahrung verlangsamen.

In diesem Zusammenhang ist auch das **70-20-10-Modell des Lernens** interessant.[54] Dieses Referenzmodell besagt, dass rund 70 Prozent des Lernens und der Weiterentwicklung durch Erfahrungen am Arbeitsplatz geschehen, 20 Prozent von und mit anderen (im Team) und nur 10 Prozent durch formales Lernen, also Trainings, strukturierte Kurse und Programme. Das Modell kann Unternehmen helfen, vom Lernen (und »Beschulen«) mehr in Richtung Output zu denken. Es wird in Zukunft wohl verstärkt um eine verbesserte Performance der Mitarbeiter und der Unternehmen gehen, die sich nur dann entwickeln können, wenn sie sich selbst als »lernende Organisation« verstehen, die auch lernt, indem ihre Mitarbeitenden lernen.

Eine wichtige Frage dabei ist die nach der allgemeinen **Messbarkeit von Trainingserfolgen**. Es wird künftig nicht ausreichen, über Feedbackbögen abzufragen, ob die Teilnehmer etwas für ihren beruflichen Alltag mitnehmen konnten. Am Ende muss es Kriterien geben, an denen der Erfolg eines Trainings, einer Tagung oder eines Coachings (einigermaßen) objektiv gemessen werden kann. »Etwas mitnehmen« heißt schließlich noch lange nicht, dass es im Unternehmen, im beruflichen Alltag erfolgreich eingesetzt werden wird! Es ist allerdings auch fraglich, inwieweit sich Motivation und menschliches Verhalten tatsächlich messen lassen oder ob sie sich sogenannten objektiven Messverfahren weitgehend entziehen.

Im Bereich des Online-Lernens scheint das leichter – zumindest auf den ersten Blick, denn bestandene Online-Kurse belegen den Erfolg offenbar. Doch wer weiß schon, ob das geforderte Know-how dem Unternehmen tatsächlich zur Verfügung steht?

Diese Evaluation findet nicht über die üblichen Feedbackbögen statt; externe Begutachtungen sind hier ein wertvolles Instrument, um die Qualität der einzelnen Prozessebenen von Bildung im Unternehmen zu beurteilen.

Blended Learning als übergreifendes Konzept

Blended Learning – die Verknüpfung von digitalen Trainingselementen und hochwertigen Präsenztrainings – ist einer der großen Subtexte dieses Buches. Das eine geht zukünftig nicht mehr ohne das andere; und das ist absolut sinnvoll, gerade wenn wir an internationale Unternehmenskonstellationen denken. Die Heterogenität der Menschen in den Unternehmen nimmt rasant zu. Die Antwort darauf sind adaptive Lernkonzepte.

Wenn Blended Learning gelingen soll, geht es um mehr als um das planlose »Zusammenwerfen« von analog und digital. Es braucht eine Synergie, eine richtige Mixtur mit dem Ziel, Menschen zu einer Verhaltensänderung, neuen Werten und einer neuen Einstellung zu ermutigen – und zu befähigen. Diese intelligente Verzahnung muss Chefsache sein, sonst fehlt die nötige Weitsicht.

Die Lernziele gehören zusammen, sonst doppeln sich Aspekte oder man verliert Wesentliches aus den Augen, weil die Verantwortlichen nur partiell denken und planen.

Vorteile des Konzepts

Blended Learning ist sinnvoll, weil:

◆ die Lerneinheiten und der Transfer nah am Alltag der Teilnehmenden sind. Der Zugang ist leicht, die Portionen sind maßgeschneidert und damit alltagstauglich.

◆ Teilnehmende ihren Wissensstand individuell testen können; zugleich können Trainerinnen diesen jeweiligen Wissensstand leichter einschätzen und genauer beurteilen. Das allerdings erfordert Mut, weil sich so die wahre Kompetenz der Teilnehmenden zeigt. Auch bei Video-Role-Plays können sich beide Seiten nichts vormachen.

◆ Onboarding-Prozesse und die Aufnahme wesentlicher News und Facts schnell und einfach gehen – örtlich flexibel und zeitlich ungebunden.

◆ die Zeit, die früher für langatmige Präsenzseminare verwendet wurde, jetzt sinnvoller genutzt werden kann. Statt Mitarbeitende stunden- oder gar tagelang in einem Seminarhotel schmoren zu lassen und mit bekannten Inhalten zu langweilen, kann sich hier jeder individuell seinen Wissenszuwachs holen.

◆ es die Chance bietet, das Konzept in eine große Vision oder einen erlebbaren, intensiven und herzlichen Change-Prozess einzubinden, sodass alle motiviert sind, daran teilzuhaben.

◆ sich neues Wissen schnell im Unternehmen verbreitet. Niemand muss warten, bis dafür die ersten Seminarplätze organisiert werden.

- sich das Wissen rasant wandelt – und wir in den Unternehmen keine riesigen Faktenberge mehr lernen und behalten müssen. Die Anwendungswahrscheinlichkeit von Wissen können wir kaum vorhersehen, neues Wissen ist digital viel schneller aufbereitet. Das Präsenz-Kick-off wird entsprechend angepasst.
- den Mitarbeitern jederzeit rund um den Erdball kleine, kreative und relevante Inhalte offeriert werden können – also Mini-Impulse für zwischendurch.
- es die Motivation fördert, denn mittlerweile haben viele Mitarbeiter keine Lust mehr, sich tagelang mit Standardthemen wie Zeitmanagement oder Kommunikation herumzuschlagen. Kleine, kompakte und vor allem interessante Quickies auf virtuellem Wege sind hier weitaus motivierender.
- selbstgesteuertes Lernen gefördert wird, denn die Teilnehmenden können lernen, wann, wo und wie sie wollen.

Status quo und Vorbehalte

Wo stehen Sie mit Ihrem Blended-Learning-Konzept?

- Präsenztrainings und digitale Formate stehen lose nebeneinander und Mitarbeitende können sich entweder zum Präsenztraining oder zum Webinar anmelden. Die Kurse kommen womöglich aus unterschiedlichen Abteilungen – noch fehlt die Verzahnung.
- Ihr Präsenztraining, um das sich einzelne digitale vor- oder nachbereitende Tools ranken, steht klar im Vordergrund.
- Der Fokus Ihres Designs liegt auf dem Lernenden. Alles dreht sich um die Zielgruppe und ihre Bedürfnisse – von den Lernzielen über die Inhalte bis zu den entsprechenden Formaten.
- Sie sind noch weiter: Der Lernende erkennt einen roten Faden, denn es gibt neben der didaktischen Verzahnung auch eine begleitende Kommunikation, die Mitarbeitende individuell anspricht. Motivation wird gelebt – authentisch und nachweisbar.
- Sie sind schon bei der höchsten Form des Blended Learning angelangt: Die Führungskräfte tragen den Prozess und motivieren die Lernenden im Prozess. Es ist alles miteinander verzahnt, die gesamten Lern- und Trainingsmaßnahmen sind exakt geplant und gehen mit dem Kulturwandel des Unternehmens einher.

Es gibt jedoch gegen die Einführung eines Blended-Learning-Konzepts immer wiederkehrende Einwände, auf die Sie achten sollten:

◆ Die Trainerinnen könnten argumentieren, dass weniger Präsenztrainings für sie weniger Arbeit bedeuten. Sie bangen um ihre Stelle und ihre Aufgaben. Die Antwort: Gewinnen Sie die Trainerinnen für gemeinsame Projektgruppen mit den E-Learning-Spezialistinnen.
◆ Teilnehmende könnten sagen, dass ihnen E-Learning nichts bringt, weil sie das meiste ohnehin schon kennen. Die Antwort: Überzeugen Sie die Teilnehmenden von adaptiven Lernkonzepten, die passgenau auf sie abgestimmt sind, bzw. entwickeln Sie Kurse, die sich für verschiedene Levels eignen.
◆ E-Learnings sind eher technisch und nicht emotional, deshalb lehnen Teilnehmende sie manchmal ab. Die Antwort: Bereiten Sie die Sessions interessant, abwechslungsreich, humorvoll und kreativ auf.

Nehmen Sie Vorbehalte unbedingt ernst. Es lohnt sich, sie im Vorfeld aufzugreifen und prophylaktisch zu agieren. Umfragen, Interviews und die berühmten Pausengespräche sind Möglichkeiten, das innerbetriebliche Unwohlsein aufzugreifen und wertvolle Argumente und Ideen zu entwickeln.

Auf Qualität achten

Blended-Learning-Konzepte sollten folgende Qualitätskriterien abbilden:

◆ **Relevanz:** Alles, was relevant ist, fördert das Interesse und wird besser behalten. Je mehr Sie über die einzelnen Lernenden und Zielgruppen sowie deren Praxisalltag wissen, desto hochwertiger und passgenauer können Inhalt und Aufbereitung sein.

◆ **Einfachheit:** Kompliziert und hochgestochen kommt nicht gut an – die Menschen lieben es, wenn Dinge einfach sind. Denken Sie nur an Bedienungsanleitungen für Haushaltsgeräte! Die zunehmende Komplexität an sich ist bereits für die meisten Menschen eine Herausforderung. Je einfacher Trainerinnen und Kurse es den Teilnehmenden machen, desto höher ist die Chance, dass die Lernziele erreicht werden. Das betrifft die Sprache und die Aufbereitung der Inhalte. Es lohnt sich zudem, bestimmte Fachbegriffe oder Keywords mehrsprachig aufzubereiten; nicht jede Nicht-Muttersprachlerin möchte jedes Mal die Vokabel-App konsultieren oder einen Gesichtsverlust riskieren.

◆ **Schnelligkeit:** Die Menschen sehnen sich nach Schnelligkeit. Der steigende Zeitdruck lässt Menschen öfter unter Strom stehen. Warten auf langwieriges Hochladen, Herumscrollen in Programmen, langatmige Erwartungsabfragen oder Inhaltswiederholungen und andere zeitraubende Tätigkeiten sind unbeliebt und gehen den Teilnehmenden auf die Nerven. Je dynamischer ein Training ist, desto besser wird es angenommen.

◆ **Transparenz:** Die Menschen mögen Klarheit. Geheimniskrämerei passt nicht mehr in unsere Zeit, es sei denn, sie wird bewusst inszeniert. Trainings und Aufgabenstellungen sollten immer wieder hinsichtlich Klarheit und Transparenz reflektiert werden. Teilnehmende schätzen es, wenn sie wissen, wie lange etwas dauert oder was noch auf sie zukommt. Auch möchten sie in diesem Zusammenhang immer wieder den Nutzen sehen.

◆ **Praxisnähe:** Muss nicht mehr betont werden, oder? Theorie und Praxis klaffen oft weit auseinander. Je mehr praktische und praxisnahe Beispiele, desto besser! Wenn das neue Wissen als echte Lösung für die echten Probleme der Teilnehmenden erscheint, wird es besser aufgenommen. Ein Trainer, der standardisierte Fallbeispiele aufführt, verliert schnell an Ansehen und Interesse, da er sich offensichtlich nicht speziell auf das jeweilige Unternehmen vorbereitet und keine entsprechenden Beispiele zur Hand hat.

◆ **Authentizität:** Je glaubwürdiger und stimmiger Fakten auf einen Menschen wirken, desto authentischer sind sie für ihn. Die neuen Informationen müssen nachvollziehbar, echt und übertragbar sein, sonst büßen sie ihre Glaubwürdigkeit ein. Die Menschen begegnen vielem, was nicht ihrem eigenen Weltbild entspricht, mit großer Skepsis. Das gilt im Präsenztraining natürlich insbesondere für die Authentizität des Trainers.

◆ **Selbstbestimmung:** Menschen mögen Selbstbestimmtheit – Fremdbestimmung fühlt sich nicht gut an. Die bekannten Grundbedürfnisse von Menschen – sozial eingebunden zu sein, dazuzugehören, selbstwirksam und -bestimmt zu sein – gelten auch fürs Lernen. Das sollte in Trainings und Lernkonzepten unbedingt berücksichtigt werden. Sie kennen das vermutlich selbst aus Präsenztrainings: Wenn Erwachsene plötzlich Spiele spielen sollen, die für sie keinen Sinn ergeben, fühlen sie sich schnell gegängelt und/oder vorgeführt. Also: Flexibilität und Bedürfnisorientierung, auch bei Zeiten und Aufgabenstellungen.

◆ **Motivation:** Mitarbeitende kann man nicht motivieren, aber man kann dafür sorgen, dass der Funke überspringt und sie von sich aus motiviert sind. Je besser Trainer (und diejenigen, die über die Trainings entscheiden) die wahren Motive und Motivationen der Zielgruppe kennen, desto besser können Trainings und E-Learning-Module darauf ausgerichtet werden. Aber das gelingt nicht immer. Gerade »Pflichtschulungsthemen« brauchen eine besondere Aufmerksamkeit – eine unattraktive Aufbereitung geht gar nicht. Sorgen Sie dafür, dass diese ungeliebten Seminare zu Trainings-Sahnestückchen werden.

◆ **Hochwertigkeit:** Die Menschen werden immer anspruchsvoller, was ihren Alltag und auch ihr Konsumverhalten angeht. Hochwertigkeit, Ästhetik und Service sind wichtig. Trainings, in denen das Material grob oder nachlässig eingesetzt wird, erhalten Negativpunkte auf der Erlebensskala der Teilnehmenden. Die Menschen möchten spüren, dass etwas hochwertig und »wertvoll« ist. Das gilt für Präsenztrainings wie für E-Learning-Kurse.

Extratipp: Testen Sie die Kurse vorher bei verschiedenen Zielgruppen und werten Sie die Rückmeldungen aus.

Adaptives Lernen statt Gießkanne

Adaptives Lernen wirkt wie ein neuer Trend auf uns, dabei gibt es diesen Begriff schon länger. Adaptives Lernen steht für die Anpassung des Lernangebots und der Lernformate an unterschiedliche Kompetenzstufen, Lerneinstellungen und Verhalten der Lernenden. So stehen stets passende Lernangebote für die vielfältigen Entwicklungsstufen der Lernenden zur Verfügung. Kurz: Das Lernangebot passt sich dem Lernenden an.

Die Angebote im Bereich des adaptiven Lernens variieren, je nach Anbieter, in Qualität und Umsetzung. Im Hintergrund arbeitet eine künstliche Intelligenz, die für den notwendigen Algorithmus sorgt. Nach meinem derzeitigen Wissensstand wird die Qualität von adaptiven Kursen maßgeblich durch die Aufbereitung des Inhalts bestimmt.

Das gilt für beide Bereiche – analog wie digital. Im Präsenztraining werden unterschiedliche Lernangebote gemacht, aus denen sich der Lernende das für ihn passende aussuchen kann. Das Online-Lernen bietet besonders viele Möglichkeiten zielgerichteten Lernens. Beim traditionellen E-Learning muss das Programm immer von Anfang bis Ende durchlaufen werden, sodass jeder Lernende den gleichen Inhalt vorfindet und sein bereits vorhandenes Wissen ignoriert wird. Beim adaptiven E-Learning passt sich der Inhalt hingegen individuell dem Lernenden an. Nach einigen Vorabfragen, zum Beispiel durch hochwertige künstliche Intelligenzen, »weiß« das Programm, was die Lernenden bereits wissen und welcher Inhalt für sie notwendig ist, sodass nur die Themen weiterbearbeitet werden, mit denen die Lernenden noch Probleme haben. Das ermöglicht eine intensive Fokussierung auf die jeweiligen persönlichen Lernziele, was entsprechende Erfolge und damit verbunden mehr Zufriedenheit bringt.

Adaptives Lernen in digitaler Form ist relativ neu in Deutschland. Mittels eines speziellen Programmes wird der Teilnehmende immer wieder – jedoch auf ganz unterschiedliche Arten – mit den Inhalten konfrontiert, und das genau in der Dosis, die seinem Kompetenzlevel entspricht. Diese variablen Wiederholungen wirken auch dem Umstand entgegen, dass 70 Prozent des Gelernten innerhalb von 24 Stunden wieder vergessen werden.

Im Präsenztraining individuelle Nähe herzustellen, ist ein intensiver Vorgang und entsprechend ressourcenaufwendig. Manche Trainer scheuen sich auch, so nah und intensiv zu arbeiten. Doch ein individuelles Training, Face-to-Face-Learning oder -Coaching ist erwiesenermaßen für den Teilnehmenden erheblich effektiver, als in der Menge einer großen Gruppe unterzugehen. Je enger der Bezug zwischen Trainerin und Lernendem ist, desto stärker kann sie auf dessen individuelle Lernziele eingehen.

Das adaptive Lernen ist in meinen Augen das Zukunftskonzept im Bereich Blended Learning, da es genau da ansetzt, wo der Lernende gerade steht. So kann ich auch exzellente Präsenztrainings einbetten. Die Vorbereitung läuft ebenso digital wie die Nachbereitung. Für die Teilnehmenden ist das sehr ökonomisch, weil die unnötigen Wiederholungen der bei null anfangenden Phasen entfallen. Und das motiviert.

Themenfelder für adaptive Lernkonzepte

1. Kompetenz

Das adaptive Lernen konzentriert sich auf die vorhandenen Kompetenzen. Es geht nicht mehr darum, den Kurs einfach so »runterzuabsolvieren«. Das jeweilige Programm hilft dem Lernenden, ein Thema effizient und effektiv zu bearbeiten, um es dann wirklich zu beherrschen. Manche Programme können zudem »unbewusste Inkompetenzen« erkennen und den Lernenden die entsprechend gewünschten Inhalte präsentieren.

2. Zeit

Es gibt Branchen, zum Beispiel den Einzelhandel oder die Pflege, bei denen die Zeit eine wichtige, weil knappe Ressource ist; es gibt dort einfach wenig freie Zeit. In anderen Unternehmensbereichen mit besonders gut bezahlten Arbeitskräften – zum Beispiel im Vertrieb – führt eine Zeitersparnis zum sofortigen oder schnelleren Return on Investment (ROI). Wenn E-Learning-Programme so konzipiert sind, dass sie weiterspringen, wenn die Lernenden etwas bereits wissen, können sich die Menschen intensiv auf die jeweiligen Themen konzentrieren, die sie noch nicht so gut beherrschen. Das verkürzt die Trainingszeit und erhöht außerdem die Motivation.

3. Heterogenität

Adaptives Lernen ermöglicht es, einen Kurs zu kreieren, der sich automatisch – mittels künstlicher Intelligenz und eines entsprechenden Algorithmus – den unterschiedlichen Levels anpasst. Vom Anfänger bis zur Expertin bekommt jeder das, was er oder sie braucht. Das verkürzt die Entwicklungsschritte und erleichtert das Design nachfolgender Präsenztrainings erheblich.

4. Fluktuation

Onboarding-Prozesse stellen für das Unternehmen eine besondere Herausforderung dar. Die neuen Mitarbeitenden sollen sich möglichst schnell an ihrem Arbeitsplatz zurechtfinden und ihre Aufgaben kompetent erledigen. Adaptives Lernen hilft den neuen Mitarbeitenden dabei, sich die erforderlichen Kompetenzen und Kenntnisse in relativ kurzer Zeit anzueignen und diese anzuwenden.

5. Wiederholung

Pflichtfortbildungen, zum Beispiel jährliche Belehrungen oder Compliance-Kurse, gehören erfahrungsgemäß zu den unbeliebtesten Veranstaltungen der betrieblichen Weiterbildung. (Wobei ich persönlich der Meinung bin, dass gerade diese echte Gold-Nuggets sein sollten.) Meist werden diese Kurse einfach nur wiederholt. Das adaptive Konzept ermöglicht ein schnelles Absolvieren der Kurse – vorausgesetzt, die Mitarbeitenden kennen sich in der Materie aus und sind mit den Themen vertraut. Die Verantwortlichen bekommen die Garantie, dass sich der Algorithmus stets auf die Inhalte konzentriert, mit denen der einzelne Mitarbeiter noch nicht vertraut ist oder die er vielleicht vergessen hat.

6. Informationen

Das Wissen – gerade das Fachwissen – wandelt sich rasant. Der Algorithmus eines adaptiven Lernsystems integriert die neuen Inhalte, die Lernenden müssen auch hier wieder nur das lernen, was ihnen neu bzw. unbekannt ist. Überflüssige Wiederholungen sind nicht nötig.

7. Lernerfolg

Hinter hochwertigen adaptiven Konzepten steht auch eine Beurteilung des Erfolgs. Lernen geschieht, indem Fragen bearbeitet werden. Ausgewählte adaptive Programme fragen die Lernenden, wie sicher sie sich mit ihrer Antwort sind. Mit dieser adaptiven Lernmethode erhalten Unternehmen detaillierte Informationen über den Wissensstand, aber auch über die Selbstsicherheit der Lernenden. Wenn diese Einschätzung freigeschaltet ist, können sie erkennen, wie der Stand zu Beginn eines Kurses, nach einem Präsenztraining und / oder am Ende eines Kurses ist.

5. Was können wir machen?
Das andere Training

»Man entdeckt keine neuen Erdteile, ohne den Mut zu haben,
alte Küsten aus den Augen zu verlieren.«[55]
ANDRÉ GIDE

Grundprinzipien eines Bildungskonzeptes

Wir wissen, dass wir als Folge des digitalen Wandels, des lebenslangen Lernens und neuer Lerntechnologien zukünftig anders (und anderes) lernen werden als die Generationen zuvor. Die Entwicklung hin zu einer Gig Economy sollte nach meinem Verständnis zum radikalen Umdenken bezüglich innerbetrieblicher Bildung führen. Führungskräfte und Unternehmen sollten die Mitarbeitenden so unterstützen, dass diese Spitzenleistungen (individuell definiert) erbringen wollen. Trainings- und Bildungskonzepte sollten in Zukunft so aussehen, dass die Mitarbeitenden gerne an Fort- und Weiterbildungen teilnehmen und das Wissen sinnvoll in ihren Alltag integrieren können. In den neuen Lernräumen sollte Kollaboration erfahren, erlernt und geübt werden können.

Was ich Ihnen hier vorstelle, ist im Grunde kein neues Konzept: Konzepte sind oft viel zu starr und unbeweglich, insbesondere dann, wenn sie mit festen Schrittfolgen, Angaben zum Setting oder zu den Gruppengrößen arbeiten.

So wie Trainings keine Standardversionen sein können, die für alle Unternehmen gelten, können auch Konzepte zur Einführung von neuen Lernkulturen oder internen Weiterbildungen nicht einfach vom einem zum anderen übertragen werden. Jedes Unternehmen ist ein so komplexes System, dass wir nur individuell und ganzheitlich vorgehen können. Jedes System ist in sich anders.

Was hat die Pflege mit den neuen Trainings zu tun?

In meinem früheren Beruf in der Pflegeberatung bin ich dem Pflegeprozess gefolgt, der für jeden Patienten jeweils neu geschaffen wurde. Die sechs Schritte dieses Prozesses geben einen Zyklus vor, den ich auch gerne für die unterschiedlichsten Projekte nutze – in gewisser Weise funktionieren sie wie ein Navigationsgerät. Das Prinzip dahinter ist, dass in kurzer Zeit für einen und mit einem Patienten ein Weg gefunden wird, der sowohl seine Lebenssituation und seine Bedürfnisse als auch die fachlichen Vorgaben und Therapien integriert. Die Verantwortung dafür liegt gänzlich in der Hand der zuständigen Pflegefachkraft, die auch die gesamte Kommunikation im interdisziplinären Team koordiniert. Da ist keine Zeit für lange Wege oder gar Umwege! Wie lassen sich diese Erkenntnisse aus der Pflege nun auf die Vorgänge in Unternehmen übertragen?

◆ Im **1. Schritt** des Pflegeprozesses findet die **Informationssammlung** bzw. das **Assessment** statt. Die zuständige Pflegefachkraft erhebt den pflegerischen und medizinischen Ist-Status des Patienten. Dazu gehören auch biografisch relevante Aspekte, Gewohnheiten und Bedürfnisse sowie eine Risikopotenzialanalyse. Auf Unternehmen bezogen ist das so etwas wie ein Trainingscheck: das Erfassen des Ist-Zustandes, eine Analyse der Arbeitswelt. Für die Zuständigkeit gibt es verschiedene Möglichkeiten: die Personalabteilung, ein externer Profi, ein zusammengestelltes Team. Daran wird schon deutlich, wie viel individuellen Spielraum Konzepte haben müssen.

◆ Im **2. Schritt** der Pflegediagnostik wird aufgrund der erhobenen Informationen festgelegt, welche **»Pflegeprobleme«** jemand hat. Kann eine Patientin zum Beispiel aufgrund eines komplizierten Bruchs des rechten Armes ihre Körperpflege nur eingeschränkt ausführen, checkt ein Profi die Situation, erkennt die Ursache-Wirkungs-Symptomatik, benennt diese und gibt ihr einen Namen. Auf Unternehmen bezogen werden hier die »Knackpunkte« benannt – was klappt nicht beim Thema Lernkultur, Bildung, Trainingskonzepte etc.; was genau ist in Bezug auf Ressourcen und Werte zu beachten und wo genau liegen die Ursachen für die Probleme bzw. die aktuelle Situation?

◆ Der **3. Schritt** umfasst die **Festlegung der Ziele**. Nun wird – bestenfalls mit dem Patienten zusammen – erhoben, welche Ziele erreicht werden sollen und welche realistisch sind. Dies ist Aufgabe der Pflegeexpertin in Abstimmung mit dem interdisziplinären Team. Dabei geht es nicht nur um kleine Ziele wie Fieber- oder Schmerzfreiheit, sondern auch um große Ziele wie die dauerhafte Kompensation einer chronischen Krankheit etc. Im Unternehmen werden die individuellen Ziele für eine neue Lern- oder auch Arbeitskultur definiert und festgelegt. Wer dafür verantwortlich ist, entscheidet das Unternehmen selbst. Man sollte auf jeden Fall einen Profi wählen. Das könnte entweder eine Expertin für Trainings und Bildungskonzepte alleine machen oder man entscheidet sich für einen größeren Change-Prozess mit vielen Beteiligten oder für eine Mischung aus beidem. An diesem Schritt sind im Idealfall eine Expertin für Bildung und Training und ausgewählte Verantwortliche und Vertreter verschiedener Anspruchsgruppen aus dem Unternehmen beteiligt.

◆ Als **4. Schritt** steht die **Planung der Maßnahmen** an – was ist zu tun, um das Ziel XY zu erreichen? Ein interdisziplinäres Team plant die unterschiedlichen und vor allem individuellen Maßnahmen – bringt also Medizin, Pflege, Therapie, sozialen Dienst etc. unter einen Hut. Das leitet bestenfalls die Pflegeexpertin an, die für diesen Patienten und seine Angehörigen zuständig ist. Das gilt natürlich auch für ein Unternehmen; die Verantwortlichen dort entscheiden, wer diesen Schritt durchführt: externe Berater, die Personalabteilung, kleine Gruppen aus Mitarbeitern, ein Vorstands- oder Führungskräfteteam, Berater von Lern-Management-Systemen, Consultants etc.

◆ Im **5. Schritt**, der **Durchführung**, werden alle geplanten Maßnahmen umgesetzt, jede Fachkraft aus dem interdisziplinären Team führt ihre Aufgaben durch und dokumentiert diese. Das gilt ebenso für das Unternehmen, denn auch dort werden die geplanten und organisierten Maßnahmen nun umgesetzt.

◆ Im **6. Schritt** geschieht eine **Evaluation der Maßnahmen** – im Pflege-prozess teilweise bereits nach Stunden oder Tagen. Die Maßnahmen werden regelmäßig überprüft, alle drei, fünf, sieben Tage oder bei Langzeitpflege alle drei Monate. Aufs Unternehmen bezogen hieße das, dass Maßnahmen wie zum Beispiel Trainings zeitnah in ihrer Wirkung betrachtet werden. Damit meine ich aber nicht die übli-chen Feedbackbögen, sondern eine neue, sehr genaue Betrachtung von Trainings und des gesamten Lern- bzw. Bildungskonzepts in sei-ner Struktur-, Prozess- und Ergebnisqualität. Auch hier entscheidet das Unternehmen, wer das macht. Zu den Evaluationsmethoden gehören neben dem Trainingscheck durch Externe auch Mitarbei-terbefragungen sowie interne und extern Audits. Darüber hinaus sehe ich es als selbstverständlich an, dass jede Trainerin während ihres Seminars oder Trainings regelmäßig nachfragt, wie die Teil-nehmenden die Weiterbildungseinheit erleben und wie hoch sie deren Nutzen und Gewinn für sich einschätzen.

Pflege ist – im Idealfall – ein kreativer Prozess. Sie ist täglich flexibel und Werte wie Fürsorge, Weiterentwicklung, Liebe und Individualität liegen darunter. Ein Konzept für eine neue Lernkultur kann sich daran orientieren. Gernot Kühn und Martin Marx behaupten, dass bisherige Weiterbildungsformate keinen Wandel herbeiführen.[56] Dem möchte ich widersprechen. Sicher, es gibt viele Trainings und Seminare, die nicht notwendig sind und keinen wirklichen Mehrwert bringen – aber das sind längst nicht alle. Meine Erfahrung sagt etwas anderes.

Hochwertige Seminare und Trainings bringen sehr wohl Impulse für solch einen Wandel und unterstützen diesen. Doch muss dazu al-les Hand in Hand gehen: Bildungskultur, Arbeitskultur und Mindset-Wandel. In der Bildung wird das neue Mindset gelebt, die Kernge-danken der Vision eines Unternehmens sollten sich in der gelebten Seminar- und Bildungskultur wiederfinden.

Wenn Unternehmen eine gewisse Anzahl an Seminaren und Fort-bildungen jedoch nur durchführen, um ihre DIN-ISO-Zertifizierung aufrechtzuerhalten, dann steht ganz klar Masse vor Klasse. Und wenn das Unternehmen bei der Einrichtung von kleinen kreativen Nischen stehen bleibt, die nicht wirklich überall, in allen Bereichen gelebt wer-den können, dann ist das ebenso unzureichend und unbefriedigend.

In meinen Jahren als Beraterin für Pflege- und Gesundheitseinrich-tungen habe ich viele Einrichtungen beim Wandel begleitet – und der hatte es mit der Einführung der Pflegeversicherung in sich: Den massiven Sprung zur ständig belegbaren und nachweisbaren Qualität in einer Pflegeeinrichtung macht man nicht mal eben in acht Wochen.

Um den Anforderungen der medizinischen Dienste und der Heimaufsicht nachzukommen, musste in kürzester Zeit viel Fachwissen sicht- und nachweisbar in der Arbeit mit den Patienten und Bewohnern umgesetzt werden. Dafür war das »Prinzip Gießkanne« oder ein ausschließlicher Fokus auf die Theorie gänzlich ungeeignet. Die Aufbereitung des Wissens musste in den konkreten Patientensituationen geschehen, also komplett alltagsnah, praxisorientiert und in höchstem Maße individuell.

Sämtliche Ereignisse, die sich bei jedem einzelnen Patienten oder Bewohner zeigten, waren zu dokumentieren, die Ergebnisqualität musste also zu 100 Prozent transparent sein. Darüber hinaus mussten diverse national geltende Standards innerhalb kürzester Zeit implementiert werden. Für vieles gab es noch keine in der Praxis bewährten Vorgaben – dennoch war die Forderung zur Umsetzung da. All das funktioniert meines Erachtens nie ohne Kulturwandel, eine eigens kreierte Vision und passende Beratungs- und Trainingskonzepte.

So funktioniert der Change beim Thema Bildung im Unternehmen

Für die von mir begleiteten Projekte in der Pflege gab es meist einen roten Faden, den ich nach wie vor gerne bei der Entwicklung von neuen Bildungskonzepten in Unternehmen nutze. Nach einer Analyse des Ist-Zustandes werden die Ergebnisse mit den Verantwortlichen besprochen und der Gap zum gewünschten Zustand identifiziert. Dann entwickele ich einen Fahrplan für die nächsten Monate: Welche Veranstaltungen, Meetings, Schulungen und Maßnahmen sind nötig, um die Anforderungen umzusetzen? Ausgewählte Aspekte werden dann – meist sehr kreativ und humorvoll – in einer Kick-off-Veranstaltung mit der gesamten Belegschaft aufbereitet.

Darauf folgt die Arbeit an der Vision, deren Umsetzung etc. Besonders hervorzuheben sind dabei immer die Schulungen auf einem neuen, praxisnahen Niveau. Dazwischen finden Großveranstaltungen statt, um alle auf Kurs zu halten und gemeinsam zu evaluieren, hinzu kommen Teammeetings und Meetings mit den Verantwortlichen. Das ist ein Change-Prozess, der in kurzer Zeit alles auf den Kopf stellen kann und das Bildungsverständnis im Unternehmen neu gestaltet. Im Kern liegt darin für mich die ultimative Formel:

Die Besonderheiten des Unternehmens plus die Expertise der Beraterin = der neue Weg.

Das ist ein Maßanzug, der wirklich passt, kein starres Konzept, sondern individuell aneinandergereihte Maßnahmen, die flexibel sind und bestimmten Prinzipien folgen. Neun davon stelle ich im Folgenden näher vor.

1. Gehen Sie voran, leben Sie vor, was Sie sich von anderen wünschen, und leben Sie die gewünschte Realität

Lernen hat viel mit **Imitation** zu tun. Ein Kind, dessen selbst fleißig rauchende Eltern ihm eintrichtern, dass Rauchen ungesund ist, bringt diese beiden Informationen nicht überein – es wird stutzig und kommt ins Grübeln. Ein Mitarbeiter, der von seinem cholerischen Chef darüber informiert wird, dass ab sofort »Wertschätzung« im Unternehmen gelebt werden solle, steht vor einem ähnlichen Dilemma. Die Unternehmensführung, die Entscheiderinnen und allen voran die Führungskräfte brauchen einen Vorlauf, um das Verhalten und die Einstellung in sich selbst herauszubilden, die sie sich von ihren Mitarbeiterinnen und Mitarbeitern wünschen.

Und dafür braucht es Zeit. Dieser Transformationsprozess dauert mindestens ein halbes Jahr. Seien Sie ehrlich – gehen Sie mit sich selbst ins Gericht, um diesen echten, wahren Kern in sich zu finden und weiterzuentwickeln. Ein klassisches Führungskräftetraining kommt dafür nicht infrage. Sie müssen das Neue verinnerlicht haben – also auf dem Level der unbewussten Kompetenz sein –, sonst fehlt es Ihnen an Glaubwürdigkeit. Wenn Sie sich auf dem Level der bewussten Kompetenz befinden, können Sie damit transparent umgehen.

In dem Moment, in dem Sie selbst diese neue Haltung, dieses neue Wissen oder Können (vor)leben, haben Sie auch weniger Probleme, Menschen dafür zu gewinnen. Suchen Sie sich den entsprechenden Lehrmeister, um mit ihm oder ihr diese Schritte weiterzugehen. Manch einer bricht zu einer langen Wanderung mit seinem Coach auf, ein anderer geht ins Kloster und der Dritte geht mit dem Team in einen intensiven Prozess, um einen gemeinsamen Weg zu finden. Alles ist möglich.

2. Definieren Sie den Zweck und Ihre Werte

Der **Purpose** – der Sinn und Zweck Ihres Tuns und Handelns – ist eine der wertvollsten Grundlagen für die Veränderungen (bzw. Verbesserungen), die Sie anstreben. Unternehmen und Organisationen, die sich derzeit intensiv mit ihrem Sinn und Zweck beschäftigen, gehen meist einen werteorientierten Weg. Daraus entstehen unter anderem auch die New-Work-Ansätze, über die in Fachjournalen derzeit viel zu lesen ist. Das ist in meinen Augen ein Zeichen dafür, dass unsere wirtschaftliche Kultur reif ist für diese neuen Ansätze, auch wenn sie natürlich kein Allheilmittel sind. Diese Konzepte können die Unternehmens- und Arbeitskultur verändern, sie geben aber keine Antwort auf die Frage nach moderner Bildung und Lernkonzepten. Das sind andere Schritte! Und genau davon erzählt dieses Buch.

Der Purpose – der Unternehmenszweck – muss in zweierlei Hinsicht betrachtet werden. Zum einen ist er für das Unternehmen selbst wichtig, zum anderen für den Mitarbeitenden – und das im persönlichen wie im beruflichen Kontext. In einem Unternehmen, das sich intensiv mit seinem Purpose beschäftigt, werden Menschen, die schnell Karriere machen möchten, ihren Sinn nicht (mehr) finden und es deshalb verlassen. Und Menschen, die einen hohen ethischen Anspruch haben, werden sich in einem Unternehmen, das ausschließlich auf Gewinnmaximierung aus ist, wenig oder gar nicht emotional zugehörig fühlen und ebenfalls gehen.

Sie wissen sicherlich, wie existenziell Werte für Ihr Unternehmen sind. Um zu bestimmen, wo Sie hinwollen, können Sie beispielsweise das Graves-Levels-Konzept nutzen, das mittlerweile unter dem Namen **»9 Levels of Value System«** bekannt ist. »Professor Graves … hat festgestellt, dass wir Menschen verschiedene Entwicklungsstufen durchlaufen und dabei immer von einem Ich- zu einem Wir-Bezug pendeln.«[57]

Bei diesem Modell wird davon ausgegangen, dass sich Menschen und Organisationen auf unterschiedlichen Entwicklungsstufen befinden, die in sich jeweils schlüssig und wertfrei sind, denn sie stehen für eine bestimmte Kultur bzw. Phase. Mithilfe des Graves-Levels Konzepts erfahren Sie, auf welchem Level Sie als Einzelner stehen und wo Ihr Unternehmen sich befindet. Dann können Sie sich darauf besinnen, welche Werte bisher relevant waren, welche zukünftig gelten sollen und wie die nächsten Schritte aussehen. Daraus sollten Sie so etwas wie ein Bild für sich zeichnen, das Sie den Mitarbeitenden vorstellen können – das diese aber auch kritisieren dürfen, um sich damit tiefer auseinandersetzen zu können.

3. Machen Sie einen Trainingscheck

So wie bei jedem Zahnarztbesuch der aktuelle Zahnstatus untersucht wird, sollte auch der aktuelle Trainings- und Weiterbildungsstatus erhoben werden. Ein Trainingscheck ist etwas anderes als eine Begutachtung und Überprüfung im Zuge einer Zertifizierung, die Sie zum Beispiel bei der Anerkennung von DIN-Normen o.Ä. benötigen. Ein Trainingscheck nimmt das tatsächliche Training und die Prozessqualität Ihrer Trainings, Trainer und Trainingskonzeptionen unter die Lupe. Ich achte dabei unter anderem auf folgende Aspekte:

◆ Ist das Fortbildungsangebot aktuell und relevant?
◆ Sind Qualität und Eignung der internen und externen Trainerinnen ausreichend?
◆ Sind die Trainerinnen zu kontinuierlicher Weiterentwicklung verpflichtet? Wenn ja, nach welchen Vorgaben? Besteht die Verpflichtung zur Supervision?
◆ Gibt es durch Trainings und andere Fortbildungsmaßnahmen einen nachweisbaren Mehrwert?
◆ Sind die E-Learning-Konzepte hinsichtlich der aktuellen Zielsetzung geeignet?
◆ Spiegeln die Fortbildungsinhalte die Ergebnisse der Mitarbeiterbefragung?
◆ Eignet sich das Training zur Steigerung der Kompetenzlevel der Mitarbeitenden beim jeweiligen Thema?
◆ Ist die verwendete Literatur aktuell und zeitgemäß?
◆ Finden sich die Werte und die aktuell benannten Themen der Unternehmensentwicklung in den Trainings wieder bzw. wird der entsprechend benötigte Inhalt in den Trainings und Bildungskonzepten beachtet?
◆ Ist das in den Trainings bearbeitete Wissen anwendbar und aktuell?
◆ Wie werden die Trainings geplant?
◆ Wie und nach welchen Kriterien werden externe Trainer und Coaches ausgewählt bzw. interne ausgebildet?
◆ Wie ist die Personalabteilung in die Eruierung neuer Trainingsinhalte und -konzepte eingebunden? Wie steht es um die

Struktur-, Prozess- und Ergebnisqualität der Personalabteilung?

- Welche inhaltliche Qualität haben Standardschulungen zu Themen wie Arbeitssicherheit, Hygiene, Datenschutz etc. und wie werden sie durchgeführt?
- Genereller Check der Struktur-, Prozess- und Ergebnisqualität der Trainings und der Trainingsabteilung.
- Und so weiter …

Zum Trainingscheck gehören auch Hospitationen bei den durchgeführten Trainings und Coachings. Hier braucht es den professionellen Blick, um zu erkennen, ob Trainings ihre Zielsetzung erreichen oder einfach nur durchgeführt werden, weil es im Fortbildungskatalog steht. Die Ergebnisse des Checks bilden die Basis für die Weiterarbeit. Sie wissen nun, was sinnvoll ist und was nicht. Entscheidende Qualitäten sind Ihnen ebenfalls bekannt. Sie können also unterscheiden zwischen den Formaten und Maßnahmen, von denen Sie sich verabschieden sollten, und den Angeboten, die zukünftig anders sein sollten.

Es gibt in puncto Weiterbildung ein paar typische Schwachstellen, auf die ich in Unternehmen immer wieder stoße:

- Externe Bauchladentrainer halten Standardseminare, keiner im Unternehmen nimmt wirklichen Einfluss auf das Training, dessen Inhalte und Durchführung, aber die Mitarbeitenden werden dort hingeschickt. Ergebnis = 0 bis Unmut.
- Externe Trainer wissen zu wenig, was im Unternehmen gerade relevant ist, ihnen sind die Alltagsbeispiele der Teilnehmenden fremd.
- Veraltete Trainingsleitfäden, die seit Jahren nicht evaluiert wurden und fachlich wie methodisch keinen Anreiz mehr bieten.
- Standardschulungen, die extern eingekauft werden, aber nicht individualisiert sind.
- Präsentationstool PowerPoint – ohne PowerPoint kein Training. Das ist nicht mehr zeitgemäß.
- Missachtung grundlegender neurodidaktischer Prinzipien. Die Stimmung im Training ist fürchterlich, einer spricht, alle hören zu (oder auch nicht). Keine Rhythmisierung, null Multisensorik. Die Teilnehmenden werden belehrt.

- Veraltete Methoden, die teilweise seit Jahrzehnten durchgeführt werden, langweilig sind, keinen Esprit mehr haben und keine konkreten Lernziele verfolgen.
- Lernziele werden gar nicht erst definiert oder die Methoden bzw. das Trainingsdesign sind nicht geeignet, die gesetzten Lernziele zu erreichen.
- Die Webinare sind langweilig, weil sie aneinandergereihten Folien gleichen, zu denen jemand spricht.
- Die Zusammenstellung der Fort- und Weiterbildungen stimmt nicht mit dem überein, was im Unternehmen neu gelernt werden muss und soll.

Noch eine Anmerkung: Vor Kurzem fragte mich ein großer Energiekonzern für eine Train-the-Trainer-Maßnahme an. Ich nannte den Preis für ein individuell konzipiertes Drei-Tages-Training. Die Antwort »Frau Messer, es handelt sich doch nur um eine Dozentenschulung!« machte mich kurz sprachlos. »Nur« eine Dozentenschulung? Da werden innerbetriebliche Trainerinnen ausgebildet, die für diesen Energiekonzern deutschlandweit Trainings ausführen und das neue Wissen bestmöglich für die Mitarbeiter und Mitarbeiterinnen aufbereiten sollen! Bedenken Sie stets: Die Compliance und das Empowerment der Mitarbeitenden werden durch gute oder schlechte Trainings maßgeblich mitbestimmt.

4. Denken Sie über die Budgets hinaus

Oft geben Personalabteilungen das Budget für externe Trainer und Seminare vor. »Mehr als die Summe x zahlen wir nicht«, lautet die Argumentation. Eine gute Trainerin kostet – denn sie bringt einen Mehrwert, der im Idealfall weit über dieses Training hinausgeht. Dazu hat sie sich selbst viele Jahre ausgebildet, diverse Ausbildungen absolviert, Berufspraxis erworben und viele, viele Kundenprojekte gestemmt. Solch einen Trainer bekommen Sie nicht für die üblichen Honorarsätze zwischen 600 und 2000 Euro am Tag. Für maßgeschneiderte Trainings braucht es eine mehrtägige Abstimmung und ein gründliches Briefing, damit dieses Seminar für Sie zum Nutzenturbo wird. Ein Training ist mehr als die reine Fortbildung. Budgetieren Sie anders. Nutzen Sie andere Töpfe. Bildung hat ihren Preis – mit ihr steht oder fällt der Erfolg Ihres Unternehmens.

5. Definieren Sie Training

Wollen Sie Standardseminare oder neue Lernformen und Begegnungen? Bevor Sie starten, brauchen Sie ein Bild von dem, was Sie sich wünschen. Es geht doch sicher nicht darum, das Bisherige fortzuführen oder zu wiederholen, sondern um die Entwicklung neuer Konzepte, oder? Betrachten Sie also die »Vergangenheit« Ihrer Trainings und Seminare. Resümieren Sie die Kosten und den Nutzen – und seien Sie dabei ehrlich.

Kann man das, was Sie in Ihrem Unternehmen benötigen, überhaupt »trainieren«? Geht es um Wissen, um Fähigkeiten oder um (Charakter-)Eigenschaften? Eine Führungskräfteentwicklung ist zum Beispiel eher ein Coaching; bei einem Training werden dagegen meist Verhaltensweisen eingeübt. Eine Übersicht über die verschiedenen Formate finden Sie in dem Kapitel »Was ist was? Die verschiedenen Formate«.

6. Bringen Sie die Menschen zusammen

Bringen Sie möglichst Vertreter aller verschiedenen Anspruchsgruppen zusammen, sodass eine weitgehende **Heterogenität** herrscht. Bedenken Sie bei der Auswahl bzw. Zusammensetzung, dass Ihre Beschäftigten vermutlich alle recht unterschiedliche Zielvorstellungen haben. Ein Raumpfleger wird eine andere Idee vom künftigen Lernen entwickeln als eine leitende Ingenieurin. In jedem Fall muss eine so vertrauensvolle Atmosphäre gegeben sein, dass all das ausgesprochen werden kann, was die verschiedenen Anspruchsgruppen beschäftigt, ohne Tabus und ohne negative Konsequenzen. Dann liegen am Ende Wahrheit und Relevanz auf dem Tisch – und nicht unter dem Teppich!

Fragen Sie die Mitarbeitenden, wo genau sie hinwollen, was sie sich wünschen und was ihre Ziele sind – die individuellen und die gemeinsamen Ziele: Wo wollen die Menschen ganz persönlich hin? Und wohin wollen sie sich gemeinsam entwickeln – was ist das Ziel? Sorgen Sie dafür, dass sinnvolle Arbeitsmethoden zum Einsatz kommen, dass der Moderator einen modernen, systemischen Denkansatz verfolgt und dass es eine freudvolle, aufregende Arbeitsatmosphäre gibt.

All diese Menschen zusammen entwickeln das neue Bild – am besten vereinbar und gut abgestimmt mit der Vision, dem neuen gewünschten Zielzustand. Ihr vorheriger Input ist dabei wichtig und bedeutsam. Die Kernwerte und die neuen Tendenzen, für die Sie als Führungskraft oder Vorstand stehen, müssen dazukommen – sonst könnte die

Haftung zur zukünftigen Unternehmenssituation zu gering ausfallen. Vorstände, die sich nicht mit all ihrer Erfahrung, ihrer Leidenschaft und ihrem Know-how einbringen, vertun wertvolle Chancen in puncto Unternehmensführung.

Entwickeln Sie mit diesen Menschen zusammen auch den Weg – sammeln Sie ihre Bedürfnisse, Belange und Ideen, wie Bildung sie persönlich und als gesamtes Unternehmen voranbringt: Die Mitarbeitenden können Ihnen sagen, was sie brauchen. Die Moderatorin dieser Veranstaltung sollte beide Seiten verstehen und die Ergebnisse sichern, die dann mit den Verantwortlichen hinsichtlich ihrer Machbarkeit geprüft werden. Vieles davon sollte – wenn möglich – im Prozess bereits zugesagt werden können. Sorgen Sie also dafür, dass Sie intern für bestimmte Maßnahmen bereits ein No oder Go konzipiert haben. Das schafft Motivation, denn Sie können auf die ersten Vorschläge gleich antworten; Sie wirken vorbereitet, weil Sie sich im Vorfeld Gedanken gemacht haben. Allerdings sollten Sie sich für diesen Schritt von einem Bildungs- und Lernprofi begleiten lassen.

Machen Sie daraus eine Veranstaltung, die alles Bisherige in den Schatten stellt – das Thema sollte mit allen Sinnen erfahrbar sein. Diese Tagungen, Meetings und Konferenzen brauchen Sie immer wieder – denn Werte- und Paradigmenarbeit sind ein fortwährender Prozess, der nicht nach einer Veranstaltung abgeschlossen ist. Zudem fördern sie eine tiefere Verbundenheit der Menschen untereinander.

7. Holen Sie sich wahre Bildungsexperten

Sie brauchen bei einer Transformation oder Weiterentwicklung Menschen als Begleiterinnen, die diese Transformation selbst bereits durchlaufen – und gelebt – haben. So wie eine Trainerpersönlichkeit in vielerlei Hinsicht »gewachsen« sein muss, sollten es diese Berater auch sein. Selbstverständlich kann es auch – je nach Eignung – nur eine Person sein, also Beraterin und Trainerin in einer Person.

Suchen Sie sich jemanden, der über eine Fülle an Prinzipien, Erfahrungen, Grundannahmen und Extrakten diverser Konzepte verfügt, um mit Ihnen das Trainings- und Bildungskonzept zu entwickeln. Diese Person sollte in der Lage sein, individuelle Konzepte allein für Sie und Ihr Unternehmen zu stricken. Mitarbeitergruppen sollten nicht allein entscheiden, was für sie der richtige Weg zu einer besseren Bildung im Unternehmen ist. Dazu braucht es beide Seiten bzw. vielleicht sogar ein Dreigestirn:

- den internen Trainer oder Trainingsverantwortlichen,
- den externen Lernraum-Ermöglicher – bzw. eine Beraterin, die sich mit der Entwicklung von Trainingskonzepten auskennt und diese mit Ihnen abstimmt,
- punktuell die speziell ausgewählten Fachexperten oder Meister für das Thema / den Bereich, in dem Sie sich den Wissenszuwachs wünschen.

Diese Aufgabe kann nicht mehr nur von der Personalabteilung gelöst werden; Sie brauchen ein neues Synergiefeld, das diese drei Anspruchsgruppen bzw. Experten miteinander schaffen und gestalten. Die Personalabteilung kann diesem Team bei der anschließenden Organisation zur Seite stehen. Je nach Trainings- und Weiterbildungskonzept kommen noch andere Expertinnen dazu. Ganz wichtig: Steigen auch Sie als Verantwortliche mit in diesen Zirkel ein.

Der interne Trainer sollte bestmöglich ausgebildet und mit ausreichend Befugnissen ausgestattet sein. Die externe Trainerin oder Lernraumgestalterin sollte über mehrere Trainerausbildungen verfügen, von denen mindestens eine zertifiziert ist. Das heißt, sie hat eine offizielle Lehrprobe gemeistert, kann auf jahrelange Expertise verweisen und lebt Bildung und lebenslanges Lernen für sich selbst. Eine solche Person bringt Ihnen den gewünschten Input zum gewünschten Thema. Weil die Themen zum Teil variieren, ist der externe Trainer bzw. Bildungsentwickler Gigger, er kommt punktuell für eine Projektphase zu Ihnen, dann zieht er weiter. Dennoch gibt es eine tiefe, projektbezogene Verbundenheit.

Der interne Trainer / Bildungsverantwortliche und die externe Trainermeisterin entwickeln zusammen mit dem externen Experten die Schulungseinheiten. Gegebenenfalls kommt noch eine Expertin für E-Learning dazu, die zur Company Ihres Lernmanagement-Systems gehört bzw. sich im E-Learning-Bereich so gut auskennt, dass sie mit Ihnen gemeinsam das passende E-Learning-Konzept auswählt.

Die inhaltliche Bearbeitung und Gestaltung der Präsenz- und E-Learning-Module sollten Sie diesem Team anvertrauen, das dann intern Projekte an andere Kleingruppen weitergeben kann. Dieses Konzept schafft einen neuen Raum, in dem Lernen stattfindet.

8. Denken Sie kurzfristig – aber lange

Wenn sich alles immer schneller wandelt, dann gehören nicht nur umfangreiche, gedruckte Fortbildungskataloge schon bald der Vergangenheit an. Auch Trainingsleitfäden und Trainingsplanungen, die nicht mindestens halbjährlich evaluiert werden, sind nicht mehr am Puls der Zeit. Die Trainings und Lernsettings müssen sich beständig an die Veränderung und Weiterentwicklung anpassen. Und weil sich das Wissen ebenso schnell wandelt, müssen sich auch die Inhalte der Fort- und Weiterbildungen wandeln.

9. Denken Sie in Blended Learning

Ausschließlich Präsenztrainings sind nicht realisierbar und 100 Prozent E-Learning nimmt den Menschen die gemeinsame Erfahrung und das Feedback des Trainers. Der gemeinsame Entwicklungsraum, den gute Trainings bringen, muss – zumindest ab und zu – mit allen Sinnen erfahrbar sein.

Blended-Learning-Konzepte sollten Sie mit Ihrem Berater individuell entwickeln. Die ausschließliche Sicht des E-Learning-Programmanbieters reicht da nicht aus, Individualität, Agilität und Kreativität müssen prinzipiell möglich sein, wenn es um Ihre internen Weiterbildungskonzepte geht.

Anforderungen an Trainings und andere Bildungsformate

Die Ansprüche an Bildung und an die Form der Bildung wachsen. Der Mensch in seiner Vielfalt steht im Vordergrund – also sollten er und sein Gehirn so gut wie möglich angeregt werden. Daraus leiten sich die folgenden Top-Five-Anforderungen ab, die aus meiner Sicht für Präsenztrainings, digital gestütztes Lernen, Face-to-Face-Coaching etc. gelten müssen:

◆ Rhythmisierung und Abwechslung
◆ Multisensorik
◆ Förderung des Gruppenprozesses
◆ Suggestion und Desuggestion
◆ Prinzipien der Neurodidaktik

Rhythmisierung und Abwechslung

Fast alles ist in Bewegung. Wer Langeweile hat, linst mal eben auf den Instagram-Account oder schaut sich bei YouTube etwas an. Schillernde Animationen und spritzige Effekte im Netz sorgen dafür, dass die Erwartungen an die Trainings- und Präsentationskunst recht hoch sind. Ganz wichtig dabei: Es darf nicht eintönig sein. Ständiges Switchen und Multitasking ist Standard, also muss auch eine gewisse Abwechslung in Trainings und andere Lernformate kommen. Experten sagen, dass wir beim E-Learning spätestens alle zwei Minuten eine Aktivität brauchen, einen Impuls, etwas zu tun. Interaktivität und vor allem wirkliches Beteiligt-Sein sind die obersten Prämissen im Training. Unser Gehirn ist auf Handeln und Mitdenken getrimmt.

Unser Leben ist immer in Bewegung und folgt verschiedenen Rhythmen. Eine Woche hat sieben Tage, das Jahr 365. Es gibt Arbeitszeiten und Freizeit, Schlaf und Wachsein. Die Natur hat rhythmische Zyklen, Ebbe und Flut, den ab- und zunehmenden Mond, die Jahreszeiten. Und Menschen haben ihren Biorhythmus.

Diese normale und gesunde Abwechslung und Rhythmisierung können wir uns auch in Trainings zunutze machen, denn zu lange oder zu kurze Aktiv- bzw. Passivphasen behindern das freudvolle Lernen. Wer 45 Minuten einem Vortrag lauscht, wird erfahrungsgemäß müde. Es braucht einen bewussten, gut dosierten und choreografierten **Wechsel von Aktivität und Passivität**, von unterschiedlichen Elementen und Methoden, ebenso wie wechselnde Sozialformen und multisensorische Lernerlebnisse. Das hat folgende Vorteile:

◆ Das Lernen wird als abwechslungsreich und wohldosiert empfunden. Langeweile kommt gar nicht erst auf, und so ist der Grad der Beteiligung gleich höher.
◆ Eine Dramaturgie schafft Spannung, sorgt für regelmäßige Höhepunkte und ebenso für Phasen der Tiefe und Entspannung. Das spricht insbesondere die älteren Teilnehmenden an.
◆ Lernen ist in dieser Form automatisch lebendig und wird als natürlicher Prozess wahrgenommen. Falls jemand doch einmal kurz in eine unkonzentrierte Phase gerät, wird er automatisch wieder munter.
◆ Gehirn und Körper werden angeregt und aktiviert.
◆ Trainerinnen erleben selbst viel mehr Beteiligung und Action! Das verhindert eintönige Vorträge und langatmige Präsentationen.

◆ Wer selbstverständlich in Dramaturgien denkt, strukturiert ein Training per se mit Spannungs- und Entspannungsbögen.

Heutzutage können wir uns Stagnation nicht mehr leisten, die Ungewissheit ist normal. Wir können Wagnisse in puncto Interaktivität eingehen, die wir bislang weder gedacht noch in die Tat umgesetzt haben. Es braucht Methoden, die im positiven Sinne erschütternd und transparent aktivierend sind. Natürlich können wir kein Dauerfeuerwerk senden, Pausen und Inkubationszeit braucht es allemal, sonst läuft der Arbeitsspeicher im Kopf über. Auch unser Gehirn braucht Pausen und entspannende Phasen, in denen das Erlebte und neu Aufgenommene »umsortiert« wird. Entspannungsphasen sind wertvoll und können unterschiedlich gestaltet werden – mit leiser Musik, kurzen meditativen Einheiten oder Aktivitäten in der Natur.

Generell gilt: Je mehr sich ein Lernender selbst erarbeitet, desto schneller stellen sich Lernerfolge ein.

Multisensorik

Unter Multisensorik versteht man ein **Lernen mit allen Sinnen** und damit die konsequente Aufbereitung des Stoffes. Je mehr Sinne beteiligt sind, desto höher ist der Lernerfolg. Trainings und Lernsequenzen multisensorisch auszurichten, ist die beste Prophylaxe gegen eintönige Trainings. Die Informationen werden dabei auditiv (hören), visuell (sehen), haptisch (tasten), olfaktorisch (riechen) und gustatorisch (schmecken) aufbereitet. (Kleine Anmerkung: Meist werden unter dem kinästhetischen Sinn die letzten drei verstanden: tasten, riechen und schmecken.) So können sie besser aufgenommen, verarbeitet und erinnert werden. Multisensorik ist quasi die Hauptantwort auf die Frage nach gehirngerechtem Lernen.

Und sie ist beim digital gestützten Lernen eine echte Herausforderung. Wie können beispielsweise Düfte eingesetzt werden, wenn ein Teilnehmender gerade in der Straßenbahn auf seinem Handy eine adaptive Lerneinheit bearbeitet? Es geht nicht immer – aber oft. Und Ausnahmen bestätigen die Regel!

Förderung des Gruppenprozesses

Das Gehirn ist von Natur aus sozial, denn die »stärkste Motivations-droge für den Menschen ist der andere Mensch! (…) Menschen sind in ihren zentralen Motivationen auf soziale Akzeptanz hin orientierte Wesen (…). Insbesondere das Vertrauens- und Bindungshormon Oxy-tocin koppelt Motivation an die Qualität der Beziehung – wir sind also besonders motivierbar, wenn wir etwas mit Menschen tun können, denen wir zwischenmenschlich verbunden sind.«[58] Dies gilt auch für die Beziehung zwischen Lehrendem und Lernenden.

Das Zusammensein mit anderen Menschen beschert ein Wir-Ge-fühl, das durch gemeinsames Erleben, den Austausch untereinander und das Bewältigen unterschiedlichster Aufgabenstellungen gefördert wird. Zukünftig brauchen wir noch mehr die Kompetenz, uns in Grup-pen zu bewegen. Dies gilt natürlich auch international und innerhalb verschiedener Zeitzonen. Kollaboration wird gewünscht. Isoliertes Lernen ist demnach wenig sinnvoll. Die Kraft der Gruppe ist ein wert-voller Turbofaktor für Lernprozesse. Ein **Wir-Gefühl** stärkt ungemein und hilft den Einzelnen besonders in sehr heterogenen Gruppen, sich ermuntert und getragen zu fühlen. Der Gruppenprozess kann durch vielerlei gefördert werden: wechselnde Settings, unterschiedliche Auf-gabenstellungen, die diverse Leistungserfolge ermöglichen, und natür-lich Austausch – also Kommunikation. All diese Erfahrungen stärken jeden einzelnen Teilnehmer. Sie sollten in Präsenztrainings Standard sein und auch in digitalen Settings keinesfalls vernachlässigt werden.

Einzelne profitieren ganz besonders von einer Gruppe, wenn die drei Faktoren Kommunikation, gemeinsame Erlebnisse und gemein-same Leistung erfüllt sind.

◆ **Kommunikation:** Jeder einzelnen Teilnehmerin tut es gut, wenn sie immer wieder auf ganz unterschiedliche Weise mit anderen kom-munizieren kann. Durch Kommunikation kommen die Teilneh-menden untereinander in Kontakt, lernen sich kennen und wissen sich besser einzuschätzen. Mit der Zeit stellen sie mehr und mehr eine Gruppe dar.

◆ **Gemeinsame Erlebnisse:** In gemeinsamen Erlebnissen wird etwas Neues erfahren, die Teilnehmenden erleben sich, und sie erleben sich als Teil der Gruppe. Unterschiedliche Begegnungsmomente er-möglichen ein Gefühl des Miteinanders. Gruppenmixen ist wichtig:

Duos und Kleingruppen sollten immer wieder anders zusammengestellt werden.

◆ **Gemeinsame Leistung:** »Leistung« kann schnell zum Reizwort werden, denn es signalisiert vielen Menschen Leistungsdruck, Verbissenheit, Gewinnenmüssen – also eher negativ besetzte Begriffe. Das muss aber nicht sein. Wenn Menschen gemeinsam eine Aufgabe angehen und lösen, kann sie das durchaus ansporren und zu einem guten Ergebnis führen. Sie haben etwas erreicht, etwas erlebt, eine Aufgabe bewältigt. Diese Erfahrung stärkt sowohl Einzelne als auch die Gruppe. Wird ein Ziel mit vereinten Kräften erreicht, schafft das ein gemeinsames Erfolgserlebnis. Die erbrachte Leistung findet Anerkennung.[59]

Alle drei Faktoren schaffen positive und förderliche Gruppenerlebnisse. »Die Gruppe war total toll« – dieser Satz aus der Runde der Teilnehmenden fällt nicht vom Himmel. Er ist das Resultat gezielter methodischer und didaktischer Überlegungen und einer bewusst gestalteten Willkommenskultur auf Augenhöhe. Ebenso wichtig ist das Prinzip, Menschen immer wieder neue Zusammenstellungen von Gruppen und Aufgaben zu geben. Das erreicht man durch diverse Classroom-Settings und Chats; auch durch vielfältige Aktivitäten – zum Beispiel interessante Vorstellungsrunden und interaktive Kleingruppenarbeiten – bekommt jede einzelne Teilnehmerin einen guten Draht zur Gruppe. So haben die Teilnehmenden von Anfang an Kontakt miteinander. Wie bereits erwähnt, bezeichne ich diesen Prozess gerne als Kohäsion. »Diese Kohäsion der Gruppe entspricht dem tiefen Bedürfnis nach Zugehörigkeit und Bindung.«[60]

Suggestion und Desuggestion

Viele Menschen haben beim Wort »Suggestion« ein komisches Gefühl. Sie befürchten Manipulation oder irgendetwas Esoterisches. Sie haben Angst, etwas suggeriert zu bekommen, was sie gar nicht bewusst wahrnehmen. Das aber geschieht doch den ganzen Tag lang – man denke nur an die suggestive Wirkung durch Werbung. Wir werden rund um die Uhr manipuliert: Fernsehen, Kino, Magazine, unsere eigene Social-Media-Blase – all das suggeriert uns, was richtig und was falsch ist.

Das Wörterbuch beschreibt Suggestion als eine geistig-seelische Beeinflussung eines Menschen mit dem Ziel, ihn zu einem bestimmten Verhalten zu veranlassen. In der **Suggestopädie**, die als pädagogisches Konzept verstanden werden kann, sprechen wir von Suggestion und Desuggestion, wenn wir die mentale und psychische Vorbereitung der Lernenden meinen. Lernblockaden oder -barrieren werden bewusst abgebaut, um »im Gegenzug positive Lernerlebnisse zu fördern wie Selbstvertrauen, Ressourcenwahrnehmung, Motivation, die die Freude am Lernen erhöhen. Suggestionen sind positive Einstellungen und Annahmen, also förderliche Glaubenssätze und Überzeugungen. Desuggestion ist die Kunst, einengende oder begrenzende Glaubenssätze der Teilnehmenden in positive zu verwandeln.

Diese bewusste Gestaltung einer positiven Stimmung im Training – gleich ob analog oder digital – kann unter anderem durch Folgendes erreicht werden:

◆ eine gute Lernatmosphäre,
◆ die eigene Haltung und den persönlichen Ausdruck des Trainers,
◆ die Methodenvielfalt,
◆ die peripheren Stimuli,
◆ die kreative Präsentation der Lerninhalte«[61]

Durch unsere Haltung, die sich auch in Worten, Gesten und Verhalten zeigt, geben wir unauffällige, aber dennoch wahrnehmbare Signale ab. Auch unsere Kleidung oder die Art und Weise, wie wir mit Menschen, anderen Lebewesen, Dingen und Themen umgehen, suggeriert anderen Menschen etwas, sie erahnen unsere Haltung und Absicht. Für mich sind Suggestion und Desuggestion zwei wesentliche Aspekte eines werteorientierten Bildungs- und Trainingsverständnisses.

Prinzipien der Neurodidaktik

◆ **Unser Gehirn mag Überraschungen:** Bauen Sie also viele Überraschungen ein – das fördert die Neugier und aktiviert Menschen. Es verändert Einstellungen und ist ein Garant für viele Aha-Erlebnisse. Unvorbereitetes, Ereignisreiches, Routinebrechendes schafft Überraschungen. Das Gehirn lernt dann besonders gut, wenn etwas Aufregendes, etwas Neues passiert.

◆ **Unser Gehirn mag Übereinstimmungen – Konsistenzregulation:** Das Gehirn ist damit beschäftigt, in dem, was es wahrnimmt, Übereinstimmungen zu finden. Parallel dazu nimmt es – unbewusst – jede Nichtübereinstimmung wahr. Der Begriff der Konsistenzregulation stammt von Klaus Grawe. Er bezeichnet damit die Vereinbarkeit gleichzeitig ablaufender neuronaler / psychischer Prozesse.[62] Dem Organismus tut eine Übereinstimmung gut. Paradoxe, einander widersprechende Botschaften oder Informationen fördern dagegen einen inneren Konflikt. Nehmen wir zwei Aussagen auf unterschiedlichen Ebenen wahr (zum Beispiel verbal und nonverbal) und diese sind nicht kongruent, reagieren wir mit Irritation.

◆ **Angst bleibt Angst:** Einmal gelernte Angstmuster können im Gehirn nur überschrieben, nicht gelöscht werden. Wird in Trainings beispielsweise jemand zum Rollenspiel nach vorn gebeten, so werden bei ihm oder ihr womöglich unangenehme Erinnerungen bzw. Angstmuster getriggert. Die Teilnehmenden brauchen jedoch Sicherheit, Freude und Beziehungen – so profitieren sie von einer positiven Einstellung!

◆ **Wissen ist stets mit Emotionen verknüpft:** Erlebnisse, die mit positiven Emotionen verknüpft sind, werden gerne angenommen; sie bleiben länger im Gedächtnis und werden nachhaltiger verankert als reine Zahlen, Daten und Fakten, da sie dann mit bestimmten Hormonreaktionen einhergehen. Wir greifen später freudig auf diese Erinnerungen zurück.

◆ **Unser Gehirn ist eine Art Filtertüte:** Es filtert vor allem durch den Thalamus, das »Tor zum Bewusstsein«, überflüssige Informationen heraus und erhält so seine Leistungsfähigkeit. Würde es alle Reize aufnehmen, die es wahrnehmen könnte, wäre es (bzw. der Teilnehmer) nicht mehr in der Lage, sich auf das Training zu konzentrieren.

◆ **Der Umzug vom Bewusstsein ins Unterbewusste ist wichtig:** Lernen wir etwas Neues, ist unsere Großhirnrinde aktiv, denn dort sitzen besonders viele Nervenzellen. Sie legen den neuen Stoff sozusagen in Regalen ab, damit das Wissen einen guten Platz bekommt. Dabei werden die neuen Informationen in verschiedene Strukturen und Areale eingebettet.

◆ **Das Gehirn netzwerkt, es lebt von neuronalen Verbindungen und Netzen:** Durch Netze, Verknüpfungen und Überlappungen sorgt das Gehirn dafür, dass sich verschiedene Bereiche gegenseitig unterstützen. Dies geschieht unbewusst, ohne dass wir es merken. Dieses Netzwerken des Gehirns geschieht mehrdimensional. »Je vielfältiger und persönlicher das Wissen im Gehirn vernetzt ist, desto besser gelingt der spätere Abruf oder die Nutzung.«[63] Entscheidend ist hier, dass Trainings abwechslungsreich sein sollen und dem Lernenden immer wieder andere Aktivitäten und Erfahrungen ermöglichen, die auch einen persönlichen Bezug zu ihm haben. »Unterschiedliche Erlebnisse und Erfahrungen, die mit dem Trainingsthema verbunden sind, fördern diese tiefere – auf dem Wunder dieses Netzwerkens basierende – Auseinandersetzung und Verankerung. Ein guter roter Faden, Rhythmisierung und Vielfalt sind die magischen Ingredienzien eines guten Trainings, sodass die neuronalen Verbindungen im Gehirn der Teilnehmenden so stark angeregt werden, dass es zur Bildung neuer synaptischer Verknüpfungen kommt.«[64]

◆ **Unser Gehirn speichert auf vielfältig Art und Weise:** Es nutzt verschiedene Strategien zur Wissensspeicherung. So speichert das im Subcortex gelegene prozedurale Gedächtnis Handlungsabläufe. Im Neocortex sitzt das deklarative Gedächtnis, auch Wissensgedächtnis genannt, denn es speichert Tatsachen und Ereignisse. Hier gibt es neben dem semantischen Gedächtnis, wo vor allem Faktenwissen liegt, auch das episodische Gedächtnis, in dem all unsere persönlichen Erlebnisse zeitlich und räumlich gespeichert sind. Es ist der persönliche Teil unseres Langzeitgedächtnisses, wo Alltagserinnerungen, Episoden und wichtige Ereignisse aus unserem Leben langfristig gespeichert werden. Trainings und Meetings, in denen Ereignisse erlebt werden, die die Menschen persönlich berühren und besondere Momente schaffen, sichern somit den Inhalt bzw. das Anliegen des Trainings in einer hohen Qualität von Behalten und positivem Erinnern.

◆ **Let's move:** Die Bewegung des Menschen, des Körpers ist für alle Hirnfunktionen von großer Bedeutung. Und nicht nur das – das Gedächtnis, die Sprache, die Emotionen und das Lernen allgemein profitieren ebenfalls davon. Unser Kleinhirn ist neben einem Teil der Großhirnrinde (dem motorischen Cortex) maßgeblich für Bewegungsabläufe zuständig, es steuert zudem die Abfolge der Gedanken. Bewegungen, die dazu dienen, sich einen inhaltlichen Aspekt einzuprägen, steigern die Verankerung des Inhalts.

◆ **Jeder hat seine eigene Welt:** In unserem Inneren tragen wir ein Abbild der Welt, das anders ist als die Welt um uns herum. Der Grund ist das beständige Filtern des Gehirns, es lässt einfach immer etwas weg. Dies führt zu einer individuellen Auslese, die sich von der Auslese anderer Menschen unterscheidet. In Trainings und Meetings findet dann so etwas wie ein Abgleich statt. Dies geschieht durch Wiederholungen, aber auch durch persönliche Erlebnisse und die Reflexion darüber und durch Austausch und Zeit für die persönliche Auseinandersetzung mit dem Thema.

◆ **Entspannung hält das Gehirn fit:** Das Gehirn muss sich entspannen, damit es das Gelernte gut vernetzen kann. Pausen, Schlaf und Ruhe sind notwendig. Sonst ist keine wirklich gute Leistung möglich.[65]

Weitere Basics, die aktuell noch mehr in den Vordergrund treten

◆ **Generelle Aktivierung** der Teilnehmenden von Anfang an und als durchgängiges Konzept – macht mehr Arbeit, bringt aber weitaus mehr Transfer und Lernerfolg. Es ist natürlich leichter und zeitsparender, einen Vortrag zu halten oder Folien zu zeigen, als den Inhalt so vorzubereiten, dass die Teilnehmenden ihn sich selbst erarbeiten. Doch es lohnt sich: Trainings und Seminare, die so aufgebaut sind, haben einen hohen Transferwert.

◆ **Psychologische Sicherheit** – so könnte man diese Stimmung bezeichnen, in der Menschen sich trauen, etwas Neues auszuprobieren. Das neue Verhalten darf nicht gleich bewertet werden, denn bestimmte Charaktereigenschaften oder Verhaltensweisen ändern wir nicht von heute auf morgen. Nach wie vor haben Menschen Ängste beim Lernen. Das hat häufig mit der Erinnerung an weit zurückliegende Ereignisse und Stimmungen zu tun, die innerhalb weniger Sekunden angetriggert werden, auch wenn der aktuelle Kontext ein ganz anderer ist als der frühere, in dem die Angst begründet war. Umso wichtiger, dass die jetzigen Lernräume sicher sind. Dies gilt auch fürs E-Learning – wer sich hier bei ungewohnten Schritten schnell beobachtet oder bewertet fühlt, der könnte verzagen.

◆ **Emotional anregende Atmosphäre:** Im Training haben wir es mit Erwachsenen zu tun, die manchmal reifer oder erfahrener sind als der Trainer. Freude, Neugier und andere positive Gefühle sind als Basis äußerst wertvoll. Ohne sie verlieren wir die Teilnehmenden sehr schnell.

◆ **Praxisbezug:** Ohne den läuft nichts mehr. Die Trainings werden immer kürzer. Sie müssen schneller zum Punkt kommen und beziehen sich deshalb gerne auf den Alltag der Teilnehmenden, sonst profitieren diese nicht davon. Sie wollen das Gelernte ja am liebsten gleich in die Praxis umsetzen. Teilnehmende merken sehr schnell, wenn der Trainer unzureichend mit ihrer Praxis vertraut ist.

◆ **Beziehung:** Die Beziehung »Trainerin – Teilnehmender« ist absolut wichtig. Unser Gehirn ist per se ein sozialer Netzwerker, wir wollen dazugehören, verbunden sein. Doch diese Beziehung ist nicht selbstverständlich. Ich kenne einige Trainerinnen, die eher zaghaft und vorsichtig an das Thema Nähe und Beziehungsgestaltung zu Teilnehmenden herangehen. Ihre Sorge ist, dass bei »zu viel« Beziehung, Vertrauen und Nähe die gewünschte Distanz und damit etwas vom eigenen Expertenstatus verloren gehen könnte. Deshalb stehen sie zum Beispiel auch gerne vorne und hinter dem Tisch – er ist für sie wie ein Schutz. Andere wiederum lassen es an der nötigen Distanz fehlen, sie sehen sich als eine Art Heiler oder Ähnliches und vergessen dann schnell die gegenseitige Augenhöhe.

◆ **Binnendifferenzierung:** In den Unternehmen haben wir es meist mit heterogenen Gruppen von Teilnehmenden zu tun, sie unterscheiden sich in Bezug auf Kulturen, Werte, Muttersprache, Kompetenzlevels und Zielsetzungen. Wenn Trainingskonzepte nicht individuell oder adaptiv sind, herrscht schnell Frustration und wertvolle Ressourcen werden vergeudet.

◆ **Liebe:** Liebe ist eines meiner ursprünglichsten Postulate als ungewöhnliche Trainerin. »Die Liebe zum Menschen, zum Miteinander – sie ist nach meiner festen Überzeugung auch die Triebfeder für ein erfüllendes Dasein als Trainerin oder Trainer. In meinen Worten, meiner Haltung und meiner Art zu agieren, lege ich gleich zu Beginn des Trainings den Grundstein dafür. Was ich dann dafür bekomme, ist mehr als das, was ich gebe.«[66] Die Liebe ist ein zentrales Element, egal ob analog oder digital – denn die Menschen spüren sie. Sie spüren dank ihrer Spiegelneuronen auch, ob diese Liebe echt ist.

Was ist was? Die verschiedenen Formate

Derzeit werden die Begriffe Training, Workshop, Vortrag, Sitzung, Präsentation etc. nicht klar voneinander abgegrenzt. Eine eindeutige Zuordnung wäre aber natürlich wünschenswert, dann wissen alle Beteiligten, wovon sie sprechen.

◆ **Training:** Ein Training ist eine Lernveranstaltung, in der etwas trainiert wird. Die Teilnehmenden üben, verbessern oder bringen etwas voran, zum Beispiel ihre Führungs- oder Teamkompetenzen. Der Begriff Training ist international und von anderen Bereichen (z.B. dem Sport) mitbesetzt. Er ist oft ein Synonym für »Seminar«.

◆ **Seminar:** Tendenziell gehört ein Seminar eher an die Uni oder Fachhochschule, es wird meist mit theoretisch-wissenschaftlichem Arbeiten verbunden und von einem Dozenten geleitet. Unabhängig vom universitären Bereich hat sich der Begriff Seminar in der Weiterbildung fest etabliert.

◆ **Schulung:** Eine Schulung ist so etwas wie ein standardisiertes Seminar – sie folgt einem festgelegten Ablauf und ist strikter als ein Training. Eine Schulung ist somit eine eher antiquierte Veranstaltung, in der das Wissen – meist frontal – vermittelt wird. Manch eine Schulung kommt auch einer Belehrung gleich.

◆ **Lehrgang / Kurs:** Beide Begriffe werden oft synonym verwendet. Ein Lehrgang bzw. Kurs besteht meist aus mehreren Modulen, die über einen längeren Zeitraum unterrichtet werden. Kurse können wir auch als Privatpersonen besuchen, zum Beispiel bei der Volkshochschule oder über Online-Plattformen.

◆ **Workshop:** Ein Workshop hingegen ist offen, was die Inhalte und den Verlauf betrifft. Er wird meist von einer Moderatorin geleitet, die den Prozess in der Gruppe führt und die erarbeiteten Ergebnisse sichert. Ein Workshop ist mehr ein Arbeitstreffen, es gibt eher Arbeitsziele – und weniger Lernziele.

◆ **Präsentation oder Vortrag:** Dies sind zum einen Unterrichts- oder Meetingmethoden, aber auch Formate für sich. In jedem Fall gibt es einen Vortragenden.

Im E-Learning-Bereich finden sich folgende Formate:

◆ **Blended Learning:** Das ist die bekannteste und am meisten verbreitete Form des E-Learning – ein Mix aus Präsenz- und Online-Phasen. Blended Learning ist die Zukunft – bzw. sollte sie sein.

◆ **Virtuelle Lehre:** Eine Lehrform, die vorrangig im Internet durchgeführt wird. Präsenzlernen findet nur punktuell statt. Vermittlungsformen sind hauptsächlich Webinare, aber auch Podcasts, Hypertextkurse und videobasierte Kurse sind üblich. Eine Interaktivität zwischen den Studierenden ist über eigens organisierte Chatrooms möglich.

◆ **Tutorielle Programme und Webinare:** Auf einer Bildschirmseite befinden sich typischerweise ein Informationsblock und ein Aufgaben- oder Fragenteil. Diverse Aktionen sind möglich. Webinare sind der Klassiker – im Grunde ein live im Internet stattfindendes Seminar. Die Teilnehmenden betrachten keine Aufzeichnung, ein Webinar wird in Echtzeit über das Netz ausgestrahlt. Mithilfe einer Chatfunktion können Webinar-Teilnehmer jederzeit mit dem Dozenten der Live-Veranstaltung kommunizieren, also auch Fragen stellen. In ein Webinar können vielfältige Visualisierungen und Aktivitäten eingebunden werden.

◆ **Drill- und Practice-Programme:** Das sind wahre Paukprogramme, zum Beispiel zur relativ schnellen Aneignung von Vokabeln im

Fremdsprachenunterricht. Da ziehen dann Vokabeln in einer variablen Geschwindigkeit über den Bildschirm und man muss diejenige anklicken, die falsch geschrieben ist oder nicht in die Reihe passt.

◆ **AR (Augmented Reality) und VR (Virtual Reality)** sind aus dem Bereich des Lernens nicht mehr wegzudenken und werden künftig oft als Mix genutzt werden. Unter VR wird die Darstellung und gleichzeitige Wahrnehmung der Wirklichkeit und ihrer physikalischen Eigenschaften in einer in Echtzeit computergenerierten, virtuellen und interaktiven Umgebung verstanden. Bei Augmented Reality wird die echte Welt um virtuelle Informationen erweitert und bietet damit auch für die betriebliche Bildung interessante Einsatzmöglichkeiten, vom Performance Support (z. B. in der Logistik) bis hin zur echten Schulung an Maschinen. Mixed Reality ist die Vermischung der virtuellen Realität und der physischen Realität. So kann das Smartphone zum Röntgengerät werden. Große Firmen setzen AR/VR auch in der Aus- und Weiterbildung ein.[67] Beide Angebote gehen weit über reine Gamification hinaus und haben längst Bereiche wie Automobilindustrie, Instandhaltung, Medizin u. a. erreicht.

Die verschiedenen Arten von Methoden

Der Begriff Methode wird sehr unterschiedlich verwendet und auch hier wäre eine klare Abgrenzung wünschenswert. Meist wird eine Methode mit planmäßigem Vorgehen verbunden oder mit einer Unterrichtsweise. Sie ist, allgemein gesprochen, eine Art Reihenfolge, die eine bestimmte Zielsetzung hat. Der Duden spricht von der Art und Weise eines Vorgehens. Darüber hinaus liegt bis jetzt, zumindest im Trainingsbereich, keine allgemeingültige Definition vor. Umso größer ist die Verwirrung um den Begriff.

Im Trainingskontext wird der Begriff »Methode« oft in einem Zug mit den Begriffen »Theorie« oder »Konzept« gebraucht. So wird das NLP, das Neuro-Linguistische Programmieren, als Methode bezeichnet oder eben als Konzept. In meinen Augen trifft Letzteres eher zu – auch das NLP verwendet ja eine Vielzahl an Methoden, Formaten und Prinzipien, um eine entsprechende Wirkung zu entfalten. Ähnlich ist es mit der Suggestopädie, die ich eher als (pädagogisches) Konzept, als Meta-Ansatz, denn als Methode verstehe.

Ich persönlich verwende synonym mit dem Begriff der Methode auch die Bezeichnungen Format, Intervention, Ritual / Zeremonie oder Inszenierung – allerdings differenziere ich hier (nicht völlig trennscharf) auch zwischen den verschiedenen Begriffen.

▶ Format

Mit »Format« bezeichne ich ganz allgemein die äußere Form oder den Rahmen einer Methode. Dazu zählen Aspekte wie die Sozialform(en) (also die unterschiedlichen Gruppenzusammensetzungen), die bespielt wird bzw. werden, oder die Funktion, die einer Methode im Lernprozess zukommen kann (Inhalte präsentieren, Inhalte bearbeiten, wiederholen, Transfer sichern etc., aber auch »die Gruppe nähren« oder »multisensorischen Zugang zum Inhalt ermöglichen«). Hinzu kommen häufig Bezüge, die eine Methode zu kulturell tradierten Formen der Interaktion von Menschen herstellt. Die »TV-Show«, das »Lagerfeuer« oder die »Bild-Zeitung-Schlagzeile« sind solche populären Formate, die ich gerne als Rahmung für die Aufbereitung von Inhalten im Training nutze (siehe dazu ausführlich das Kapitel »Die Methoden«). Solche Rahmungen haben den Vorteil, dass sie oft schon eine ganz bestimmte emotionale Seite in den Menschen zum Klingen bringen, die außerhalb des – häufig leider negativ besetzten – Kontexts »Unterricht« verortet ist. Diese emotionale Aufladung der Formate bringt mehr Leichtigkeit, Kreativität und Humor in den Trainingsprozess. Zudem schließen sie, eben weil sie aus dem Alltag bekannt sind, an das Erfahrungswissen der Teilnehmenden an. Die bekannten »Regeln«, nach denen die Formate ablaufen, machen sie in der Umsetzung für die Lernenden niedrigschwellig – jeder findet sich beispielsweise schnell in die Präsentationsform des »Museums« ein, weil die Form der Wissensaufnahme aus dem Alltag bekannt ist. Zusätzlich erreiche ich durch die Verschiebung dieser Alltagserfahrungen der Teilnehmenden in den Trainingskontext eine Verfremdung und einen Überraschungseffekt, die die Aufmerksamkeit und damit die Wirksamkeit des Formats enorm erhöhen.

▶ Intervention

Das Mittel der Intervention – das Dazwischentreten, Einflussnehmen und Eingreifen – verwende ich sehr gerne, wenn innerhalb des Trainingsereignisses für die Teilnehmenden etwas Eindrückliches passiert – etwas, was ihnen zum Beispiel den Gruppenprozess verdeutlicht. Einen intervenierenden Charakter bekommt eine Methode also dann, wenn sie einen »aufwühlenden« Effekt auf die Teilnehmenden hat, weil sie auf einer tiefen Ebene beispielsweise Perspektiven verändert, die Wahrnehmung schärft oder Reflexion ermöglicht. Ob dieser Effekt tatsächlich eintritt, ist für Trainerinnen natürlich nur in eingeschränktem Maße planbar. Manche Methoden haben allerdings ein größeres Potenzial als andere, eine intervenierende Wirkung zu entfalten. Klar ist: Eine Intervention ist selten eine »Übung« von schon Bekanntem, sie ist eher ein Erlebnis, das eine neue Sicht auf Themen ermöglicht.

▶ Ritual/ Zeremonie

Im Trainingskontext ist das Wort »Ritual« schlecht zu greifen – es beschreibt im weitesten Sinne einen Ritus, eine Zeremonie, einen Brauch oder eine traditionelle Handlung. Relevant ist dabei in jedem Fall die Wiederkehr immer gleicher Abläufe im Rahmen des Rituals. Zum einen gibt es Rituale mit transzendentalen Bezügen. Diese begreifen wir in unserer säkularisierten Welt oft erst dann »in ihrer ganzen Größe und Bedeutung, wenn wir sie erleben bzw. ausführen: die Taufe eines Kindes, die Beerdigung des ersten Elternteils, die eigene Hochzeit«.[68] Zum anderen gibt es profane Alltagstätigkeiten, die uns ritualhaft vertraut sind, wie das tägliche Zähneputzen oder das morgendliche Zeitunglesen. Der Unterschied zwischen beiden Formen liegt in der inneren Ausrichtung, der Haltung und Zielsetzung. Welche Stimmung soll verbreitet, welches Ziel erreicht werden? Werden die Handlungen bewusst und mit einer gewissen Sorgfalt ausgeführt oder geschehen sie fast automatisch nebenbei? Hat die ausgeführte Handlung an sich einen symbolhaften Charakter und transportiert damit eine Bedeutung, die über sie selbst hinausweist, oder ist sie rein funktional? Auch Stimme und Intonation können anders sein. Wenn ich im Hinblick auf Methoden von einem Ritual oder einer Zeremonie spreche, beziehe ich mich auf Lernerlebnisse, die eine fast schon sakrale Wirkung entfalten. Das mag für den ein oder anderen zunächst befremdlich klingen. Aber ich bin überzeugt: Es gibt Wege, Themen formal aufzuarbeiten, die die Menschen in eine tiefe Berührung mit sich selbst und der Welt bringen. Meiner Erfahrung nach sind zum Beispiel die »Fürsprecherrunde« und so manche Runde am Lagerfeuer ein Ritual. Solche Methoden bedienen sich in ihrer Form bei Ritualen oder Zeremonien, die die Teilnehmenden aus ihrem Alltag kennen. Die feierliche Stimmung, die dadurch ausgelöst wird, führt dazu, dass Inhalte und Handlungen eine besondere Bedeutung erhalten und sich damit tief in den Menschen verankern.

▶ Inszenierung

Eine Inszenierung ist die konsequente Umsetzung eines Gesamtspektakels. Hier haben wir es mit der hohen Kunst des Trainings zu tun: Das Thema wird so intensiv wie möglich erlebbar gemacht. Dahinter steckt die Idee, den Inhalt »dreidimensional« und in seiner Gesamtheit für die Teilnehmenden zugänglich zu machen. Ihre Wirkung entfalten Inszenierungen also dadurch, dass die Beteiligten zu einer inneren Reise in eine Welt eingeladen werden, die das Thema des Trainings assoziativ, sinnlich oder metaphorisch aufgreift. Dazu wird der Lernraum bzw. die unmittelbare Lernumgebung mehr oder weniger ganzheitlich im Hinblick auf die Inhalte zugeschnitten und gestaltet. Der Seminarraum wird zum Beispiel für ein juristisches Thema in einen Gerichtssaal verwandelt; das Thema Führung lässt sich gut im Ambiente der Steuerbrücke auf einem Schiff verhandeln; das Thema Projektmanagement wird in einem vermeintlich »chaotischen« Raum erlebbar; Resilienztrainings lassen sich gut im Ambiente einer Wanderhütte durchführen. Eine Inszenierung kann dem gesamten Training den gestalterischen Rahmen geben, sie kann aber auch punktuell eingesetzt werden, um beispielsweise als Mind Opener zu wirken.

Es gibt eine Bezeichnung für Trainingsmethoden, die ich bewusst nicht verwende: »Übung« – das klingt schwer und anstrengend, das riecht nach Gummimatte und Turnhalle. Wir assoziieren das Üben mit Unfreiwilligkeit, ja Zwang und erinnern uns vielleicht an das langwierige und öde Auswendiglernen von Vokabeln.

Dennoch braucht es natürlich Übung, und das sowohl aufseiten des Trainers als auch der Teilnehmenden. Man übt, um etwas besser zu können, und das bedeutet, es oft zu wiederholen. Ein Cellist übt jeden Tag, um besser zu werden, genauso wie ein Artist oder ein Clown – sie alle üben regelmäßig, um sich zu verbessern und den Feinschliff auf ihrem Gebiet zu bekommen. Sie üben nicht nur einmal, in einer speziellen Situation wie zum Beispiel einem Training, und beherrschen dann ihr Metier. Eine Übung ist eine auf Stetigkeit und Dauerhaftigkeit angelegte Lernform.

Am ehesten kann man sich die vielen Möglichkeiten des E-Learning als Übungen vorstellen – hier kann der Lernende die relevanten Inhalte individuell, adaptiv und in seinem eigenen Tempo sinnvoll wiederholen. Präsenztrainings eignen sich meines Erachtens nicht für Übungen. Sie bieten weder den richtigen Raum noch genügend Zeit für sinnvolles und wirkungsvolles Üben. Für Präsenztrainings sind eher Interventionen das Mittel der Wahl: hochwirksam, fein zu dosieren und ein guter Weg, um Menschen für Themen »aufzuschließen« und sie auf ihren eigenen Lernweg zu bringen.

Wo kommen Methoden zum Einsatz?

Die hier erläuterten Zugänge zum Begriff der Methode sind subjektiv. Sie lassen aber hoffentlich erkennen, wie komplex die Aufgabe ist, klare Abgrenzungen, auch zwischen verschiedenen Arten von Methoden, zu skizzieren. Für die Trainingskonzeption hat sich für mich eine Systematisierung nach den Funktionen von Methoden bewährt.

Es gibt Methoden für die unterschiedlichen Phasen und Zielsetzungen eines Trainings:

◆ Methoden zur Einstimmung auf das Thema bzw. zur Aktivierung des Vorwissens
◆ Methoden für Anfangssituationen
◆ Methoden, die den Gruppenprozess fördern
◆ Methoden, um Inhalte einzubringen, zu präsentieren und zu vermitteln
◆ Methoden, mit denen sich Teilnehmende Inhalte und Themen selbst erarbeiten können
◆ Methoden, um Inhalte zu bearbeiten
◆ Methoden, um Inhalte zu vertiefen
◆ Methoden zur Reflexion
◆ Methoden, um Erfahrungen zu verankern
◆ Methoden für den Transfer
◆ Spiele und Eye Opener, Icebreaker und Energizer
◆ Methoden, um Abschied zu nehmen

Manche Methoden lösen sofort ein Seufzen bei den Teilnehmenden aus, andere sind fast schon verschrien, wie zum Beispiel das Rollenspiel. Methodenkompetenz bedeutet: die passenden Methoden zu beherrschen und sie im richtigen Moment einzusetzen. Keine Methode ist per se schlechter oder besser. Der Kontext und die Zielsetzung bestimmen, was zielführend ist.

Wem es gelingt, die verschiedenen Methoden zu differenzieren und den Charakter einer Methode zu verstehen, wird die Wirkung der einzelnen Maßnahme besser einschätzen können. Bedenken Sie: Welche Rolle nimmt der Trainer ein, wenn er eine Methode anleitet? Ist er der »Meister«, wie etwa beim Yoga oder Nia? In diesem Fall steht der Lehrer vorne und die Teilnehmenden führen die Bewegungen genau so aus, wie er sie vorführt. Oder ist eine bestimmte Methode eher ein Ereignis, bei dem der Trainer als eine Art Ritualmeister fungiert?

Die Art, wie ich als Teilnehmerin mit den Inhalten, mit der Trainerin und der Gruppe in Resonanz gehe und interagiere, wird in hohem Maße davon bestimmt, welche Wirkung mit der durchgeführten Methode bei mir ausgelöst wird. Das sollte jede Trainerin genau im Blick haben, wenn sie Trainingsdesigns entwickeln will, in denen die einzelnen Methoden optimal ineinandergreifen und aufeinander aufbauen. Und das gilt nicht nur in Bezug auf die Inhalte – sondern eben auch didaktisch.

Wie viele – »neue« und »alte« – Methoden sollte ein guter Trainer beherrschen?

Viele Trainer sind auf der Suche nach »neuen« Methoden. Es gibt zig Bücher, in denen es um »neue« Methoden geht. Trainer kaufen und lesen sie in der Hoffnung, damit etwas Neues zu bewirken und Abwechslung in das Trainingsallerlei zu bringen. Aber was genau soll das sein, eine »neue« Methode? Ist sie neu, wenn eine Trainerin sie das erste Mal verwendet? Und ist sie in der Folge »gebraucht«? Ist »neu« automatisch gut, und kann eine »alte«, bewährte Methode nicht ebenso gut sein? Das muss wohl jeder für sich selbst entscheiden.

Klar ist: Das Methodenrepertoire eines Trainers kann nicht reichhaltig genug sein. Je mehr Methoden, desto mehr Abwechslung ist möglich. Ein Trainer mit einem großen Methodenrepertoire hat mehr Varianten und Möglichkeiten, in Situationen flexibel zu reagieren. Ein solides Standardrepertoire ist für eine Trainerin unabdinglich. Darüber hinaus sollte sie auch die eine oder andere Spezialmethode parat haben. Aber die Wirkung selbst der besten Methode verpufft, wenn sie falsch angewendet wird oder der Kontakt zu den Teilnehmenden fehlt.

Seit Jahren bilde ich Trainer aus und weiter und stelle jedes Mal wieder fest, dass es Methoden gibt, die zu einer Trainerpersönlichkeit passen, und andere, die das nicht tun. Ähnlich wie es Abstufungen und Differenzierungen in der Trainerpersönlichkeit gibt, gibt es sie auch hinsichtlich ihres Könnens, eine Methode anzuleiten und durchzuführen.

Wir müssen eine Methode durchdrungen haben, wenn wir sie wirksam einsetzen wollen. Sie muss uns in Fleisch und Blut übergangen sein, sodass wir sie problemlos in den unterschiedlichsten Kontexten anwenden können. Sie gehört zum Standardrepertoire und kommt dann zum Einsatz, wenn wir merken: »Jetzt passt sie.«

Eines meiner Paradebeispiele ist die »TV-Show«, mit der ich seit Jahrzehnten erfolgreich in Trainings, Meetings und Präsentationen agiere und die sich gut für den Bereich Zahlen, Daten und Fakten eignet. Diese Methode stelle ich oft im Train-the-Trainer-Kontext vor, und die Trainer übernehmen sie mit großer Begeisterung – kein Wunder, denn die Methode ist genial und vielfältig einsetzbar. Doch nach der anfänglichen Euphorie reift bei vielen Trainern die Erkenntnis, dass diese Methode bei ihnen noch nicht sitzt bzw. dass es immer wieder Unsicherheiten gibt.

Methoden müssen intensiv geprobt und geübt werden, um sie wirklich zu verinnerlichen und im eigenen Repertoire zu etablieren. Komplexe Methoden probe ich wochenlang im heimischen Workshopraum, bevor ich sie zum ersten Mal einsetze. Ich möchte die Teilnehmenden ja nicht zu Versuchskaninchen machen. Das empfehle ich auch immer den frischen, jungen Trainerpersönlichkeiten.

Und dann gibt es Methoden, die im Moment entstehen, weil wir spüren: Das passt jetzt! Das muss hier hin! Diesen Impuls oder diese Intervention braucht es jetzt! Diese Methoden sind dann meist zu 100 Prozent agil und neu.

Abschließend möchte ich zum Thema Methodenauswahl noch einen Vergleich ausrollen, der mich seit vielen Jahren beschäftigt. Stellen Sie sich vor, Sie gehen zur Ärztin, weil Sie Kopfschmerzen oder ein anderes Krankheitssymptom zeigen. Die Ärztin stellt eine Diagnose und verschreibt Ihnen etwas. Es stellt sich die Frage, wie dieses Heilmittel verabreicht wird: Ist es eine Tablette, eine Massage, ein Saft, ein Zäpfchen oder eine Meditation? Die Ärztin wird sich – nach gründlicher

Untersuchung – genau überlegen, welchen Wirkstoff (Medikament) sie Ihnen in welcher Darreichungsform verordnet. Es macht einen Unterschied, wie das Medikament verabreicht wird. Mit Methoden ist es nicht anders – nur dass hier keiner krank ist, sondern ein anderes Anliegen hat. Es geht um die Wirkung. Was genau bewirkt eine Methode? Wofür ist sie besonders geeignet und wofür nicht?

In den Vorgesprächen, die Sie mit Trainerinnen führen, sollten Sie nachfragen: Welche Lernziele werden mit dieser Vorgehensweise erreicht? Was ist die wahre Intention dahinter? Warum genau macht sie es auf diese oder jene Weise? Es ist ein Zeichen von Trainingsqualität, wenn Ihnen ein Trainer auf diese Fragen eine wohlüberlegte und überzeugende Antwort geben kann.

Flotte Formate statt drei Tage Trainingsmarathon: Mikrotrainings

Aus meiner Sicht sind die kurzen, effektiven Lernformate – sogenannte Mikrotrainings – ein ideales Tool für die schnelle Aneignung oder das Wiederauffrischen von Wissen. Deswegen möchte ich Ihnen dieses Format zum Abschluss meiner Überlegungen – »Was können wir machen?« – gerne ausführlich vorstellen.

Erinnern Sie sich noch an die langen Trainingsformate? Drei Tage Training, gefühlt alle Zeit der Welt, und das Ganze in einem schönen Tagungshotel auf der grünen Wiese, mit unterhaltsamen Abenden an der Bar und einer mehrseitigen Agenda. Die Mitarbeitenden wurden Jahr für Jahr gemäß des umfangreichen Fortbildungskatalogs geschult und niemand stellte das infrage. Heute wird sich kaum noch jemand Trainings dieser Art leisten. Sie passen im Grunde nur zu sehr speziellen Lernkontexten, wenn sich beispielsweise Führungskräfte für ein paar Tage zusammen auf eine Berghütte begeben oder eine mehrtägige Wanderung machen. Inzwischen gibt es viele neue, spannende Kurzformen, die besser in unsere schnelllebige Zeit passen.

Was ist ein Mikrotraining?

Grundsätzlich bezeichnet der Begriff »Mikrotraining« komprimierte Trainings und Seminare im Kurzzeitformat. Digital sind sie schon lange

Usus, analog oder in Blended-Learning-Varianten stark auf dem Vormarsch. In der Praxis lässt diese Definition viele Ausgestaltungen zu: Manche verstehen unter Mikrotraining oder Mikrolearning Formate von 30 oder 60 Minuten, andere beziehen auch Ultrakurzformate von drei bis 15 Minuten mit ein. So sind zum Beispiel sogenannte Lern-Nuggets aus dem E-Learning bekannt: knackige, kreative und nachhaltige 5- bis 10-Minuten-Einheiten. Ein solches Lern-Nugget kann verschiedene Zielsetzungen verfolgen:

◆ Das vorhandene Wissen wird aufgefrischt.
◆ Das erworbene Wissen wird abgesichert.
◆ Transferimpulse werden ermöglicht.
◆ Zusatzwissen wird zur Verfügung gestellt.

Das übliche Mikrotraining hat eine ähnliche Struktur wie ein normales Training. Es ist praxisbezogen, rhythmisiert, dynamisch und mit dem absoluten Fokus auf dem Thema des Trainings.

Welche Vorteile haben die kleinen Formate?

Kurze, dynamische Lerneinheiten haben viele Vorteile: Sie binden wenig Zeit, sind einfach zu integrieren und dadurch ein Garant für eine hohe Mitarbeiterakzeptanz.

De facto sind Mikrotrainings ein Format unserer Zeit: In vielen Branchen nimmt der Workload der Mitarbeitenden zu, da können oder wollen Menschen sich nicht unbedingt mehrere Tage Zeit für ihre persönliche Weiterbildung nehmen. Natürlich sind sie dennoch an ihrer Weiterentwicklung interessiert – die entsprechenden Maßnahmen sollen nur eher in kleinen, impulshaften Wissenseinheiten stattfinden statt in mehrtägigen Lernblöcken. Die gerade sehr angesagten Großveranstaltungen mit einer Reihe an Impulsvorträgen, die derzeit wie Pilze aus dem Boden schießen, sind sicherlich auch eine Antwort auf diesen Wunsch nach zeitlich und inhaltlich reduzierten Inputs.

Der Trend zu Mikrotrainings oder Mikrolearnings kommt darüber hinaus dem Trend einer sich **verkürzenden Aufmerksamkeitsspanne** von Lernenden entgegen – sie sind eine gute Antwort auf die Schnelllebigkeit unserer Wissens- und Informationskultur. Wir sind die kurzen Formate gewohnt: Hier mal ein Post und ein Blick auf den »Insta-Account«, dort ein Filmchen oder die Tagesschau in 100 Sekunden.

In wenigen Minuten lassen sich Lerneinheiten, die entsprechend aufbereitet sind, einfacher erfassen als in langatmigen Sessions. Das ergibt gerade für Unternehmen Sinn, denn damit können Mitarbeitende auch ohne viel Vorwissen – zum Beispiel in Onboarding-Prozessen – Neues aufnehmen und unabhängig voneinander lernen. Das gilt insbesondere für digitale Training-on-the-Job-Einheiten im Mikroformat.

Auch für die persönliche Weiterentwicklung sind solche kleinen Wissenshappen wert- und sinnvoll, weil effizient. Mitarbeitende und Führungskräfte können damit konstant an ihrer persönlichen Weiterentwicklung arbeiten – immer dann, wenn es in ihren Zeitplan passt. Das kann in Form von kleinen adaptiven Lerneinheiten, speziellen Lern-Apps und kurzen Filmen geschehen. Kurze Trainingssessions sind im Alltag wunderbar unterzubringen, sie sind das Gegenteil von kompliziert und sperrig und erreichen so eine hohe Akzeptanz bei den Mitarbeitenden.

Manch ein Impuls von fünf oder 15 Minuten bringt mehr, als viele denken. So kann beispielsweise eine kurze Reflexionssession zum Thema Resilienz oder das Üben von Feedback-Techniken per Video-Tool mit Feedback-Funktion sehr effektiv sein. Sprechen wir von Impulsen, die auf die Einstellung eines Menschen zielen, dann ist manchmal ein fünfminütiger Film oder eine wirkungsvolle, eigens inszenierte Sequenz intensiver als drei Stunden Lehrvortrag oder eine ermüdende Gruppenarbeit.

Natürlich kommt es auf die Qualität des Inhalts und dessen Aufbereitung an – und auf die Bereitschaft der Lernenden. Entscheidend ist, wie die kleinen Einheiten inszeniert werden, ob sie digital oder analog aufbereitet sind und ob sie von Inhouse-Trainern oder externen Trainerinnen ausgeführt werden. Ein oberflächliches Training auf der Basis von Quizspielen ist nicht unbedingt ein gezieltes Mikrotraining; die inhaltliche und methodische Gestaltung sollte von echten Profis gemacht werden.

Damit die Verdichtung gelingt, müssen Mikrotraining-Sequenzen umso emotionaler, multisensorischer und wirkungsvoller sein. Außerdem braucht es für bestimmte Themen bei aller Schnelligkeit auch längere Inkubationszeiten, in denen die Menschen sich intensiver mit dem Stoff und seiner Wirkung auseinandersetzen können. Hier greifen langfristig entworfene **Blended-Learning-Ketten**, die aus aufeinander aufbauenden, kurzen Einheiten oder Blöcken bestehen. Digital gestützt können diese kurzen Einheiten positiv wirken, da der Lernende mit dem Trainer – auch wenn er womöglich hinter der Maske eines Avatars verschwindet – zusammenarbeitet.

Mikroformate sind also nicht nur eine notwendige Anpassung von Weiterbildungsangeboten an zeitaktuelle Anforderungen, sondern tragen auch ein eigenes Potenzial zur Qualitäts- und Effektivitätssteigerung in sich.

Grundsätzlich lässt sich durchaus die Frage aufwerfen, ob die standardisierten Langformate (die eben auch gut ins Budget der Trainingsleitung passen) überhaupt das Optimum an Wirksamkeit erreichen. Bei einer üblichen Vormittagseinheit hat in den ersten 90 Minuten nach Ankommen, Begrüßung, Organisatorischem, Vorstellung des Ablaufs und der Trainerin sowie der Vorstellungsrunde der Teilnehmenden und der obligatorischen Erwartungsabfrage noch nichts wirklich Spannendes stattgefunden. Was haben alleine diese 90 Minuten im Verhältnis zur Wirkung bei zwölf Menschen gekostet? Eine Alternative dazu sind natürlich generell interessante Seminardesigns – aber eben auch vielfältige, individuelle Mikrotrainings.

Dazu ein kurzer Blick in eine andere Epoche und einen für viele Menschen im Trainingsbereich unbekannten Bereich, in dem Mikrotrainings schon lange zum Alltag gehören: die **Pflege- und Gesundheitsbranche**. Ich selbst habe 15 Jahre in der ambulanten und stationären Altenpflege gearbeitet, in der kaum Zeit zum Innehalten ist, weil ein Drei-Schichten-System eine straffe Fortbildungsplanung erfordert. Nie, wirklich nie, können alle Mitarbeitenden eines Teams im gleichen Moment am Tisch oder im Seminar sitzen.

Im Zuge der Einführung der Pflegeversicherung wurde mir als Führungskraft nahegelegt, während der Mittagsübergabe kleine Lehreinheiten durchzuführen – das waren nach meinem Verständnis Mikrotrainings. Aber wie sah das anfangs aus? Weil es so viel Neues zu lernen und umzusetzen galt und die Zeit immer drängte, belehrte ich die Mitarbeitenden, statt sie für die Inhalte zu begeistern. Ich war noch nicht in meiner Rolle als Dozentin angekommen, sondern agierte als Vorgesetzte. Damit war ich eine Art Prophetin im eigenen Land – und die Lernerfolge der Mitarbeitenden hielten sich in Grenzen. Ich musste Wege finden, trotz knapper zeitlicher Ressourcen eine hohe Lernwirksamkeit zu erzielen. Je weiter ich in meine Aufgabe als Vortragende und Fachreferentin auch für pflegerelevante Themen hineinwuchs, desto selbstverständlicher wurde es für mich, diese 60- bis 90-minütigen Seminareinheiten hochwertig zu designen und durchzuführen.

Vom langen Format zum Mikrotraining

Anders als bei mir ist die didaktische Expertise vieler Trainerkolleginnen und -kollegen auf die Konzeption und Durchführung von (Mehr-)Tagestrainings ausgelegt. Viele von ihnen fürchten nun den Verlust dieser vertrauten Trainingsformate. Ich werde oft gefragt, wie das Konzentrieren von Lerneinheiten denn funktioniert.

Tatsächlich erfordert es einiges an Umdenken, aus einem Zwei-Tages-Training eine dreistündige Intensiveinheit zu schmieden – dieser Prozess hat sicherlich auch etwas mit Trainingskunst zu tun. Doch so schwierig wie oft vermutet ist es nicht. Moderne Digital-Tools und Blended-Learning-Konzepte helfen dabei, auch kurze, knackige Fortbildungs- oder Seminarimpulse in den Unternehmen attraktiv zu gestalten und mit großem Lernerfolg durchzuführen. Im Kapitel »Konkretes Beispiel eines Mikrotrainings« zeige ich, wie das »Eindampfen« eines mehrtägig angelegten Trainingskonzepts funktioniert.

Welche Herausforderungen bringen Mikrotrainings mit sich?

Bei der konkreten Umsetzung von Mikroformaten stehen die verschiedenen Anspruchsgruppen wie Personalabteilung, Trainer und Trainerinnen (inhouse und extern), Führungskräfte und verantwortliche Mitarbeitende vor verschiedenen Herausforderungen, die sich in die folgenden zentralen Fragen unterteilen lassen:

a. Wie transformiere ich meine Konzepte, die eventuell auf mehr Trainingszeit ausgelegt sind, ohne Verlust an Qualität und Wirksamkeit (vielleicht sogar mit diesbezüglichen Steigerungseffekten) in Mikroformate?

b. Wie entwerfe ich in diesem Zusammenhang Blended-Learning-Ketten, in denen Präsenz- wie E-Learning-Anteile passgenau und lernwirksam miteinander korrespondieren?

c. Welche Methoden und Tools stehen mir zur Verfügung, die zu den Lernenden und zur Unternehmenskultur passen?

d. Wie können Mikroformate für die diversen Abteilungen und Silos eines Unternehmens oder einer Organisation so aufbereitet werden, dass sie möglichst optimal verzahnt sind und ressourcenschonend erstellt werden können?

Um diese Fragen zu beantworten, bieten sich verschiedene Stellschrauben zur verdichtenden Transformation von Trainings zu Mikrotrainings an:

1. Konkretisierung und Ausweitung von Lernzielen

Lernziele (kognitiv, affektiv und psychomotorisch) müssen sowohl für jede einzelne Einheit als auch in Bezug auf den gesamten Lernprozess (Metaziele) definiert werden. Das klingt zunächst sehr aufwendig, ist jedoch absolut sinnvoll, da es direkt zum Ziel führt. Wir können Menschen nur dann durch Trainings für die Anforderungen der VUCA-Welt – Agilität, Disruption, agiles Leadership, Design Thinking, Scrum und all die anderen modernen Buzzwords, die die aktuellen Herausforderungen beschreiben – fit machen, wenn wir unsere Lernziele über den eigentlich trainierten Lernprozess hinausdenken. Als Trainerin muss uns interessieren, wie Menschen mit dem, was sie von und mit uns lernen, in die On-the-Job-Umsetzung gehen, wie sie dort das Gelernte etablieren und damit ihre Arbeit zukunftsorientiert transformieren. Die Metalernziele, die als Leitschnur für die Konzeption unserer Trainings dienen, müssen dementsprechend ausgelegt sein. Als Führungskraft muss ich herausfinden, ob der Trainer diese Denkleistung erbringen kann und entsprechende Formate anbietet.

2. Extrahieren von Überflüssigem

Um Verdichtung zu erreichen, müssen Filter im Konzeptionsprozess angesetzt werden, durch die Überflüssiges von Relevantem getrennt wird. Hier braucht es eine scharfe Reflexion der jeweiligen Kompetenzlevel der Teilnehmenden, um zu erkennen, welches Wissen in welcher Einheit wirklich benötigt wird. Auf diese Weise wird das Überflüssige, im Sinne von Bekanntem, schnell sichtbar. Die Person, die Mikrotrainings konzipiert, benötigt also möglichst direkte und individuelle Informationen zu den Teilnehmenden – eine ungefähre Einschätzung des Kompetenzlevels einer kompletten Lerngruppe reicht dazu nicht aus.

In den E-Learning-Anteilen greifen an dieser Stelle Testverfahren und Methoden, die den Entwicklungsstand der Teilnehmenden möglichst individuell feststellen, um adaptives Lernen möglich zu machen. Dazu gibt es ausgewählte Lernprogramme wie zum Beispiel Area9 Lyceum. Zugleich lässt sich bei ausreichenden Informationen zum Kompetenzstand der Lernenden betrachten, welches Wissen mittels peripherer Stimuli angeregt bzw. angetriggert oder erinnert werden kann.

3. Konsequente »Didaktisierung«

Alle Trainingselemente müssen im Hinblick auf ihre didaktische Funktion mehreren Zielen dienen – logisch, denn damit werden in der kurzen Zeit mehrere Ziele erreicht. Ein Element / eine Methode dient gleichzeitig der sozialen Interaktion, bringt die Teilnehmenden mit einem Thema individuell in Reibung, wirkt positiv suggestiv UND ist multisensorisch – ein gutes Beispiel dafür ist die »TV-Show«. Dieses Prinzip kommt in den Mikrotrainings noch mehr zum Tragen als in anderen Formen. Ob Trainingselemente dann analog oder digital aufbereitet werden, hängt von den zuvor definierten Lernzielen (für jede Mikroeinheit wie für den gesamten Lernprozess), von den zur Verfügung stehenden Tools und der Wechselwirkung aller Einheiten ab.

4. Mehr gemeinsames Entwickeln statt reines »Lehren«

Das Prinzip, dass sich Teilnehmende Inhalte und Lösungen selbst erarbeiten, statt sie präsentiert zu bekommen, gewinnt bei Mikrotrainings noch mehr an Bedeutung. In kurzer Zeit tauschen sich die Teilnehmenden intensiv aus, beantworten Fragen, betreiben Recherchen, erfüllen Aufgaben und kreieren gemeinsam etwas, das dadurch einen hohen Erlebenswert bekommt. Trainer und Trainerinnen können natürlich auch nicht wissen, wie jedes einzelne Problem, das es in einem Unternehmen gerade gibt, im Training gelöst werden kann. Insbesondere in Bezug auf E-Learning-Anteile muss außerdem der soziale Charakter des wirksamen Lernens gewährleistet bleiben. Auch Mikrotrainings beziehen die vier Dimensionen des Lernens mit ein. Aufgabenstellungen und Input liegen nicht nur auf der Ebene des reinen Wissens, sondern umfassen auch Werte, Fähigkeiten, Charakter und die persönliche Reflexion.

5. Konsequente Dramaturgie

Besonders wirkungsvolle Trainings haben den Charakter eines gut komponierten Kunstwerkes: Das Thema wird über ein Gesamtkonzept in Szene gesetzt, also inszeniert. Dabei helfen zum Beispiel Dachmetaphern, leitmotivische Rahmungen oder bewusste Rhythmisierung und Dynamikwechsel durch einen gezielten Methodeneinsatz. Generell hebt sich ein Training mit solch konsequent durchdachter und umgesetzter Dramaturgie qualitativ stark von der reinen Aneinanderreihung einzelner Lernelemente ab – eben weil die Teilnehmenden durch die übergreifende Dramaturgie den Lernprozess als (spannende!) Einheit erleben, auch wenn er in einzelne Mikroelemente zerlegt ist. Solcherart positiv emotional aufgeladen steigt die Lernwirksamkeit, weil Inhalte erlebbar werden. Die einzelnen Teile können so außerdem viel sinnhafter in größeren Zusammenhängen begriffen und das Gelernte in die Arbeitspraxis transferiert werden.

Wer kann das machen?
Die Trainerpersönlichkeit

*»Man kann einen Menschen nichts lehren,
man kann ihm nur helfen,
es in sich selbst zu entdecken.«*
GALILEO GALILEI

Trainer gibt es viele und es werden immer mehr. Man könnte auch
»Dozent«, »Seminarleiter« oder »Coach« sagen. Nach wie vor sind
die Begriffe nicht scharf voneinander abgegrenzt – so manche innerbetriebliche Bildungsmaßnahme verbindet Coaching mit Training und
Incentive.

Angesichts der stetig steigenden Zahl von Trainern wird es immer
schwieriger, die wirklich kompetenten Trainerpersönlichkeiten zu erkennen. Qualität und Wirkung sind dafür essenziell. Die Frage, welche
Trainerin welche Güte, welche Wirkung und welche Kompetenz hat,
ist für Sie als Auftraggeber genauso wichtig wie für den Trainer selbst.

Die Trainerpersönlichkeiten der Zukunft bekommen neue Aufgaben. Sie müssen zum Beispiel immer wieder ökonomische, individuelle Trainingskonzepte erstellen, die digital und in Form von Präsenztrainings durchgeführt werden. Adaptive Trainingskonzepte fordern eine
hochwertige Lernzieldefinition – hier braucht es Fachexpertise und Sicherheit in den Lernzielkategorien. Ein breites Soft-Skill-Wissen wird
nicht ausreichen, denn diese Fähigkeiten werden mehr und mehr in
Video-Tools mit Feedback-Funktion und anderen digitalen Tools trainiert – und das orts- und zeitunabhängig.

Es braucht also **reife Persönlichkeiten**, die wirklich etwas ermöglichen. Trainerinnen und Trainer werden so zu Mentoren, Lernbeglei-

terinnen, Vorbildern, Role-Models, Leuchttürmen, Unterstützern und Coaches, Consultants und Beraterinnen, Gestaltern und Raumhaltern.

Meine 15 Jahre in der Altenpflege haben mich sehr geprägt. Ich habe in dieser Zeit viele wertvolle Eindrücke gewonnen, war Teil diverser massiver Change-Prozesse und habe die kontinuierlich hohen Anforderungen an eine nachweisbare und jederzeit zu überprüfende Struktur-, Prozess- und Ergebnisqualität miterlebt. Und ich durfte lernen, täglich komplett neue Situationen zu gestalten und zu schaffen. Ein Beispiel: Nach einem Schlaganfall müssen allein in den ersten Stunden und Tagen sehr viele Dinge geklärt, beantragt und organisiert werden: Pflegebett, Toilettenstuhl, Wechseldruckmatratze etc. Menschen, die solche Situationen in wenigen Stunden neu ordnen, sind echte Talente, sie sind agil, flexibel, optimistisch und bauen den Menschen, sein Umfeld und seine Situation nach einer solch schweren Diagnose wieder neu auf. Das kann kein Anfänger leisten, dazu muss man mindestens Profi sein. In der Pflege begegnete mir die Weiterentwicklung des Dreyfus-Modells, dem zufolge ein Lernender beim Erwerben und Vertiefen einer Fähigkeit fünf verschiedene Kompetenzstufen durchläuft: Neuling, Fortgeschrittene/r Anfänger/in, Kompetente/r, Erfahrene/r, Experte/Expertin.[69] Die Pflegewissenschaftlerin Patricia Benner hat dieses Modell zu den **fünf Stufen der Pflegekompetenz** weiterentwickelt, auf das ich mich bei der Aus- und Weiterbildung von Coaches und Trainerinnen gern beziehe, da beide Bereiche viele Parallelen haben. Ihnen als Führungskraft hilft diese Abstufung bei der Auswahl und Einschätzung potenzieller Trainerinnen und Trainer.

Tabelle 1: Pflegekompetenzstufen und Trainerkompetenzstufen

Stufe 1: Neuling, Anfänger, Schüler	Stufe 1: Neuling, Anfänger, Schüler
Berufsanfänger haben noch keine Erfahrung. Sie sind deshalb auf Regeln angewiesen, um sich in ihrer Arbeitsausführung sicher zu fühlen. Diese Regeln ermöglichen es ihnen, das Richtige zu tun. Sie vermögen aber nicht zu sagen, was in einer bestimmten Pflegesituation Priorität hat oder wann Ausnahmen gemacht werden können. Regeln sind hier einerseits sehr wichtig, andererseits haben sie ihre Grenzen.	Der zukünftige Trainer hospitiert bei Seniortrainern, sammelt erste Eindrücke. Vorgaben, Inhalte, Theorien, Methodenbeschreibungen sind hier enorm wichtig, sie wirken wie Leitplanken und Regelwerke, die prägend und unterstützend sind.

Stufe 2: Fortgeschrittener Anfänger

Fortgeschrittene haben in ihrer Berufsausübung schon viele Situationen miterlebt und können so situationsbedingt wiederkehrende Muster erkennen und entsprechend handeln. Aber das reicht nicht aus, um selbstständig Prioritäten setzen zu können. Daher sind sie innerhalb komplexer Situationen noch auf feste Regeln angewiesen.

Stufe 3: Kompetente Pflegeperson

Kompetente Pflegepersonen besitzen schon mehr Berufserfahrung in komplexen Situationen und können ihr Handeln auf langfristige Ziele und Pläne ausrichten. Sie erkennen, welche Aspekte in einer Situation wichtiger sind als andere. Sie fühlen sich in ihrer Berufsausübung sicher, sind aber dennoch nicht so schnell und flexibel wie erfahrene Pflegepersonen.

Stufe 4: Erfahrene Pflegeperson

Erfahrene Pflegepersonen sind in der Lage, eine Situation in ihrer Gesamtheit zu sehen und nicht nur als Zusammensetzung einzelner Teile. Sie finden schnell das Wichtigste heraus und können aufgrund dessen in der Situation rasch Entscheidungen treffen.

Stufe 5: Pflegeexpertin

Pflegeexperten benötigen in der Berufsausübung keine expliziten Regeln mehr. Dank ihres großen Erfahrungshintergrunds erfassen sie die jeweilige Situation richtig und gehen unmittelbar das Hauptproblem an. Dieses Erfassen der Gesamtsituation resultiert aus langjähriger Erfahrung auf einem bestimmten Gebiet. Daher muss dieses Expertenwissen bei jedem beruflichen Wechsel neu erworben werden.

Stufe 2: Trainee

Noch ist die Bezeichnung »Trainer« nicht zutreffend. Es werden erste kleine Einheiten unter der Aufsicht eines Seniortrainers übernommen. Der Trainee erkennt Trainingsprinzipien, ist jedoch noch nicht in der Lage, eigenständig Trainings zu entwickeln bzw. durchzuführen.

Stufe 3: Trainer

Durch vielfältige Hospitationen und Ausbildungen ist der Trainer so erfahren, dass er eigene Trainings (digital und analog) auf der Basis eines Trainerleitfadens durchführen kann. Standardtrainings können sicher durchgeführt werden, aber schwierige oder herausfordernde Seminarsituationen werden noch nicht souverän gelöst. Er / sie hat eine Fachexpertise, aus der heraus er / sie Trainings anbietet.

Stufe 4: Profitrainer

Erfahrene Trainer sind in der Lage, Trainings zu entwickeln und individuell durchzuführen. Sie können souverän mit flexiblen Anforderungen umgehen, individuelle Lernziele bestimmen und danach Trainings designen und durchführen. Er / sie verfügt über langjährige, nachgewiesene Expertise.

Stufe 5: Seniortrainer

Der Seniortrainer entwickelt eigene Trainings- und Lernformate – er designt Tagungen und Blended-Learning-Konzepte, verfügt über mehrere Ausbildungen und ist befähigt, andere Trainer auszubilden.

Mit dieser Skalierung können Trainer und Trainerinnen sehr gut in Bezug auf ihren Reifegrad, ihr Kompetenzlevel und ihre Erfahrung eingeschätzt werden. Personalabteilungen und Entscheiderinnen sind in der Lage, kritisch zu beurteilen, wen sie da einkaufen.

Geht es um eine Fortbildung, bei der erfahrene Führungskräfte in den höheren Lernzielkategorien weitergebildet werden, brauchen sie für einen nachhaltigen Lernerfolg eine absolute Trainingsexpertin.

Die **Ausbildung des Trainers** sollte überzeugen. Es gibt leider immer noch Trainer und Coaches, die keine entsprechende Ausbildung haben und dennoch andere Menschen ausbilden. Jeder Handwerksmeister muss einen Kurs machen und eine Prüfung absolvieren, um nachzuweisen, dass er oder sie befähigt ist, Menschen auszubilden, aber manche Trainer werden in nur vier Tagen »ausgebildet« und sollen dann Führungskräfte von DAX-Unternehmen trainieren, die weitreichende Entscheidungen fällen müssen – wie soll das gehen?

Auch wer als Trainer einen Expertenstatus erlangt hat, muss sich kontinuierlich weiterbilden. Das ist eine ethische Verpflichtung. Was gehört dazu?:

- ◆ Kontinuierliche Supervision und kollegiale Beratung
- ◆ Neurodidaktik in Theorie und Anwendung
- ◆ Neuigkeiten auf dem Trainingsmarkt
- ◆ Adaptives Lernen
- ◆ Digitale Lernplattformen
- ◆ Präsentationskunst
- ◆ Suggestion und Desuggestion
- ◆ Weiterentwicklung einer entsprechenden Fachexpertise

Die Trainerpersönlichkeit braucht ein Standing, eine gewisse Reife, ein Mandat. Andere Menschen müssen diesem Menschen das Thema XY zutrauen, so wie wir einer Ärztin, einer Rechtsanwältin oder einem Steuerberater vertrauen. Die Trainerpersönlichkeit muss die Kompetenz ausstrahlen, auch in kurzer Zeit eine vertrauensvolle Beziehung zur Gruppe herzustellen und das Thema souverän rüberzubringen. Exzellente Trainerpersönlichkeiten müssen souverän flexible Lernformate entwickeln können und empathisch und auf Augenhöhe mit Menschen umgehen können (dazu gehören auch oft Menschen, die weitaus mehr Berufs- und Lebenserfahrung haben als der Trainer selbst). Und sie brauchen Erfahrung und Methodenkompetenz.

Trainerkompetenzen

Folgende Kompetenzen und Eigenschaften sollte eine Trainerin / ein Trainer haben:

▶ Sozialkompetenz

Die sozial kompetente Trainerin verfügt über ein hohes Maß an Kommunikations-, Kompromiss- und Konfliktfähigkeit; sie ist in der Lage, mit verschiedenen Menschen flexibel umzugehen, und zeichnet sich durch eine ausgeprägte Kooperationsbereitschaft aus. Eine souveräne, versierte Trainerpersönlichkeit kommuniziert angemessen, individuell und situationsgerecht mit den Teilnehmenden. Sie kann in entscheidenden Situationen empathisch agieren, Lösungen für ein besseres Miteinander vorschlagen und Kompromisse schließen. Die Trainerpersönlichkeit ist ein Vorbild für positives soziales Verhalten und verfügt über eine grundsätzliche Kooperationsfähigkeit, die sich ganz besonders in Konfliktsituationen zeigt.

▶ Didaktische Kompetenz

Die Trainerpersönlichkeit hat die Fähigkeit, (Trainings-)Inhalte alters- und situationsgemäß, individuell und zielgerichtet zu planen, sodass ein Wissens-, Kompetenz- und Wertezuwachs transferorientiert und nachhaltig gewährleistet ist. Der Trainingsaufbau ist didaktisch gut begründet und stets an den Lernzielen ausgerichtet.

▶ Fachkompetenz

Die individuelle Fachkompetenz eines Trainers beruht auf seiner Expertise (seinem Fachwissen), die er den Teilnehmenden zur Verfügung stellt und die ihnen im besten Fall Nutzen und Mehrwert bietet. Die persönliche Expertise resultiert aus Ausbildung, Weiterbildung, Branchenkenntnis, Studium und Berufserfahrung. Sie ist erst dann wertvoll, wenn die Trainerin sie verständlich, neurodidaktisch und anwenderorientiert aufbereiten kann. Eine fachkompetente Trainerin verfügt über genügend Know-how im gewünschten Themengebiet bzw. in dem Bereich, für den ein Unternehmen einen Kompetenz- und Wissenszuwachs anfordert.

▶ Methodenkompetenz

Eine Trainerin sollte in der Lage sein, ein Training so zu gestalten, dass der Inhalt (was), die Ziele (wozu) und die Vorgehensweise (wie) dramaturgisch zueinanderpassen. Methodik (was und wozu) und Didaktik (wie) gehören zu den Königsdisziplinen des Trainereinsatzes und zeigen sich in einem stimmigen, methodisch ausbalancierten Trainingskonzept. Dazu gehört ein angemessener Anteil an aktivierenden Methoden und Elementen, die die Trainerin souverän beherrscht. So kann sie die Teilnehmenden immer wieder neu motivieren, die sich mit jeder Aktion und Intervention den gewünschten Lernzielen weiter annähern. Wertvolle Trainingszeit wird optimal genutzt und die notwendigen Lerninhalte werden angemessen dosiert. Wichtig in diesem Zusammenhang ist auch eine gute Medienkompetenz – der sichere, zielgerichtete und kompetente Umgang mit den vielfältigsten analogen und digitalen Medien. Man kann sicherlich nicht erwarten, dass ein Trainer *alle* digitalen Medien kennt und souverän damit umgehen kann. Die Medien, die im Präsenztraining zum Einsatz kommen, sollte er jedoch beherrschen und gezielt einsetzen.

▶ Meta-Kompetenz

Gemeint ist die Fähigkeit des Trainers, auf einer höheren (Meta-)Ebene zu agieren. Dazu gehören die Kommunikation über die Kommunikation (Meta-Kommunikation), die Fähigkeit, in den Köpfen der Teilnehmer Bilder entstehen zu lassen (Metaphorik), und die Fähigkeit, in Schlüsselmomenten des Trainings auf der meta-emotionalen Ebene zu reflektieren und zu handeln (Meta-Emotion).[70]

▶ Prozesskompetenz

Neben der inhaltlichen Arbeit an Sach- und Fachthemen kann und muss der Trainer im Seminar bzw. Training den Gruppenprozess steuern. Dabei ist es hilfreich, das gesamte Training als einen Prozess zu betrachten, in dem Veränderungen, also Kursabweichungen, völlig normal sind. So findet zum Beispiel auf der einen Seite die Arbeit am Thema statt; auf der anderen Seite nimmt der Trainer die Signale auf der Beziehungs-, Prozess- und Gruppenebene peripher auf und reflektiert sie. Dies ist wichtig, um auf mögliche Störungen zeitnah reagieren zu können. Prozesskompetenz meint genau diese Fähigkeit, im nächsten Moment flexibel darauf einzugehen, was gerade im Seminar passiert. Der Trainer muss darüber hinaus wissen, was genau nötig ist, damit bestmögliche Ergebnisse erzielt werden können. Zur Prozesskompetenz gehören eine ausgeprägte Wahrnehmungsfähigkeit, Selbstreflexion und das sensible Steuern von Interventionen, die sich aus der Auswertung der Beobachtungen ergeben.

▶ Weitere Beurteilungskriterien

◆ **Veränderungskompetenz:** Ist die Trainerin in der Lage, einen Veränderungsbedarf zu erkennen und darauf aufbauend neue Ziele zu erarbeiten? Inwieweit kann der Trainer Veränderungsprozesse gestalten und lenken, ohne selbst das Ergebnis bereits vor Augen zu haben?

◆ **Psychische Belastbarkeit:** Braucht es für das Managen und Lösen von Konflikten in der Gruppe, für die Hilfestellung bei Problemen der Teilnehmenden und die Betreuung wechselnder Gruppen und Kundenanliegen etc.

◆ **Stressbelastbarkeit (Resilienz):** Diese ist sowohl im Seminar nötig als auch auf Reisen und generell angesichts wechselnder Orte, Menschen und Themen.

◆ **Physische Ausdauer:** Braucht es für sehr intensive und lange Seminare und Gruppensitzungen, für lange Reisen, wechselnde Unterkünfte, das viele Sitzen in Zug oder Auto und das lange Stehen bei den Trainings selbst.

◆ **Sehr gutes mündliches und schriftliches Ausdrucksvermögen:** Ein Muss für die Vermittlung der Lerninhalte, das Verfassen von Unterrichtsmaterialien und Skripten, für multisensorische Sprache (eine Sprache und Wortwahl, die alle Sinne anspricht, sodass Menschen beim Zuhören schneller Assoziationen bekommen, bei denen innere Bilder, eigene Gedanken und Worte oder auch Stimmungen und Gefühle angeregt werden), für das spontane verbale Reagieren auf unvorhergesehene Ereignisse während eines Trainings, für Blogtexte, Facebook-Posts etc.

◆ **Lernfähigkeit – Vorbild für lebenslanges Lernen:** Wichtig in Bezug auf die neuesten Techniken der Kommunikation, die Fachthematik, das E-Learning, die Methoden, psychologische Fragen, Aspekte der Gruppendynamik etc.

◆ **Merkfähigkeit und Konzentration:** Umfasst die Erinnerung an die thematischen Schwerpunkte, an besondere Ereignisse und an Probleme mit den Teilnehmenden während des Seminars.

Authentizität: Ein Must-have

Trainerinnen – und ebenso Führungskräfte – fungieren als Modell und Vorbild für die Mitarbeitenden. Sie müssen absolut integer und authentisch sein. Ein Gegenüber spürt es, wenn man nicht ehrlich ist. Unsere **Spiegelnervenzellen** versorgen uns zuverlässig mit Informationen über nonverbale Signale und damit auch über die Absichten, Haltungen und Einstellungen von Menschen, die wir beobachten. Diese kleinen Zellen sind auch der Grund, warum Menschen sich spontan verstehen und mitfühlen können, was andere Menschen gerade erleben und fühlen. »Spiegelungsphänomene sind von zentraler Bedeutung für die Aufnahme und Weitergabe von sozialer Kompetenz, denn sie bilden die neurobiologische Basis für das ›Lernen am Modell‹ (Lernen von anderen Menschen und vor allem von Vorbildern).«[71]

Supervision, Coaching und kontinuierliche Selbstreflexion helfen uns dabei, den eigenen **blinden Flecken** auf die Spur zu kommen. Die meisten Trainerinnen lernen in ihren Ausbildungen das **Johari-Fenster** kennen, benannt nach seinen Erfindern Joseph Luft und Harry Ingham. Vor gut 60 Jahren beschrieben sie mit ihrem Modell unter anderem den Ort des »blinden Flecks«, jenen Teil unseres Ichs, den wir selbst nicht wahrnehmen – die Empfänger unserer Botschaften allerdings schon, denn diese reagieren unter Umständen mit einer gewissen Abwehr auf diese blinden Flecken. Wir sollten diese also besser kennen, vor allem wenn wir mit Menschen arbeiten.

Es stellt sich allerdings die Frage, wie das geht, da es ja wortwörtlich »blinde Flecken« sind. Wir müssen ein schönes, schweres Stück Weg zurücklegen, um diese Schatten oder unbekannten Teile zu entdecken. Supervision und ausgewählte Seminare der Persönlichkeitsentwicklung gehören dazu.

In unserer Kultur sind Menschen eher ungeübt darin, über ihre tief verborgenen Bedürfnisse zu sprechen. Sehr schnell gelten wir als bedürftig und das ist leider eher negativ konnotiert. Selbst ein Trainer mag nicht gerne zugeben, dass ihm etwas fehlt. Aber gerade diese vertrauensvolle Offenheit anderen Menschen gegenüber macht eine Trainerin authentisch – denn Trainer und Trainerinnen sind keine Superstars, sie haben auch ein ganz normales Leben mit Problemen und Herausforderungen wie die meisten anderen Menschen eben auch.

Eine professionelle Trainerin sorgt dafür, dass sie diese etwas verborgenen inneren Teile in sich so gut wie möglich kennenlernt und eine entsprechende Vereinbarkeit und Stimmigkeit schaffen kann.

Wie oft erlebe ich Kollegen, die sich offenbar nicht bewusst sind, wie inkongruent und wenig authentisch sie wirken. Trainer können sich selbst – und auch den Teilnehmenden – im Wege stehen. Die Folgen: Sie langweilen ihr Publikum, es kommt keine gute Beziehung zustande und damit auch nicht die positive Atmosphäre, die ein wirksamer Lernprozess braucht. All das ist immer dann der Fall, wenn dem Trainierenden nicht bewusst ist:

◆ welche einengenden Glaubenssätze er über sich, sein Publikum oder das Thema in vielerlei Form von sich gibt,
◆ dass eigene ungeklärte Anliegen unbewusst im Training Raum einnehmen,
◆ welche Unstimmigkeiten es zwischen seiner Haltung und seinem Verhalten gibt, was sich auch in seiner Körpersprache zeigt.

Unsere Authentizität wird immer dann besonders auf die Probe gestellt, wenn unerwartete Ereignisse eintreten und sich das auf die eigene Befindlichkeit auswirkt. Eine gute Trainerin muss in der Lage sein, diese Gefühle bewusst einzuordnen und so zu balancieren, dass die Trainingsgüte nicht nachteilig beeinflusst wird. Auch wenn Trainer den üblichen Trainingspfad verlassen und auf Tagungen ungewöhnliche Wege gehen, ist ihre Authentizität gefordert. Sie werfen sich selbst ins Wildwasser und müssen etwas Neues tun. Dabei zeigen sie sich – gewollt oder ungewollt. Sie können weniger planen und vorhersehen. Achten Sie als Entscheiderin also besonders auf die Authentizität, wenn Sie Trainerinnen für Großveranstaltungen einkaufen, die nicht von der Stange sind.

Raum für Neues schaffen

Es gibt ein Bild, das den Umgang mit etwas Neuem gut veranschaulicht: Angenommen, das Neue, das ein Unternehmen, ein Team oder die Mitarbeitenden lernen sollen, ist ein **Drache**. Aus diesem »Ungeheuer des Neuen« machen wir in unserer modernen Welt einfach etwas »Ungeheuerliches«. Ich mag das Bild des Drachens in diesem Zusammenhang sehr, weil viele Menschen das Neue – oder auch Unbekannte – erst einmal negativ bewerten bzw. beschreiben. Wie begegnet eine souveräne Trainerpersönlichkeit diesem Drachen? Sie soll das Unternehmen ja weiterbringen und dafür entweder eine Lösung anbieten oder den Menschen dabei helfen, selbst eine Lösung zu finden. Der Trainer muss also die Kunst beherrschen, mit dem Ungeheuerlichen umzugehen.

Es gibt mehrere Möglichkeiten, wie das geschieht – hier eine Übersicht über die klassischen Formen des Umgangs mit dem Drachen:[72]

◆ Die Unschuld – sie weiß von nichts.
◆ Der Waise – wird vom Drachen überwältigt.
◆ Der Märtyrer – wird vom Drachen verfolgt.
◆ Der Wanderer – geht dem Drachen aus dem Weg.
◆ Der Krieger – bekämpft den Drachen.
◆ Der Zauberer – akzeptiert und transformiert den Drachen.

Es braucht also die Zauberin, eine Persönlichkeit, die den Wandel in sich bereits ein gutes Stück transformiert hat. Diese Persönlichkeit kann einen Raum öffnen und ermöglichen, in dem andere Menschen arbeiten können, um ihren eigenen Umgang mit dem Ungeheuerlichen zu lernen.

»Man entdeckt keine neuen Erdteile, ohne den Mut zu haben, alte Küsten aus den Augen zu verlieren«, hat André Gide einmal gesagt. Da braucht es Seefahrerinnen, Nautiker, Lotsen, die mit Ihnen vorangehen und mit Ihnen gemeinsam Trainings- und Bildungskonzepte entwickeln.

Faktenlernen geht heute einfach. Die digitalen Tools sind diesbezüglich ein wahrer Segen – bewahren sie uns doch vor zu viel unnötigem Training. Die Präsenztrainings werden zukünftig kürzer und pointierter sein; Mikrotrainings etablieren sich mehr und mehr, also müssen die Trainerinnen schneller einen guten Rahmen schaffen und halten. Blended-Learning-Konzepte sind Standard. Trainer sollten einen sicheren Ort schaffen, an dem Menschen etwas erleben, was sie motiviert, und etwas denken, tun und ahnen, was sie womöglich bisher noch nicht im Blickfeld hatten.

Sie müssen also einen ganz besonderen Raum schaffen. Ich spreche hier vom Raumöffnen, -halten und -schließen – einen Raum, in dem andere Menschen ihre eigenen Erfahrungen machen können. Dafür braucht es die Reife und die Erfahrung, dass dieser Raum sicher und ermöglichend ist. Wir müssen ahnen, wissen und kennen, was darin alles erlebbar sein kann. Und natürlich bringt jede Teilnehmende ihre eigenen Erfahrungen mit – die sie in diesem »Lern«-Raum weiterentwickelt.

Selbstverständlich spreche ich hier von einem echten Raum, also von dem Trainingsraum, in dem das Lernen oder die neuen Erfahrungen stattfinden. Dies kann auch ein anderer Ort sein als der Seminarraum im Unternehmen oder im Tagungshotel. Und dann gibt es ja auch noch einen eigenen, inneren Lernraum. Dazu gehören unsere Assoziationen, Gedanken und Erfahrungen. Im Folgenden ist aber der konkrete Trainingsraum gemeint.

Nach meinem Verständnis braucht eine Trainerpersönlichkeit eine gewisse Reife und Tiefe – sie muss bereits etwas erfahren und verarbeitet (transformiert) haben, was sie für diese »Führungsaufgabe« qualifiziert. Ein Bergführer sollte den Berg, auf den er Menschen führt, gut kennen und ihn bei vielen verschiedenen Witterungen, Tages- und Nachtverhältnissen erlebt haben. Würden Sie sich jemandem anvertrauen, der diesen Gipfel nicht auf diese Weise kennt?

Nur dann ist es möglich, dass Menschen in einem eigens geschaffenen Raum – gut geführt durch eine gezielte Methodenauswahl – Erfahrungen machen und Erkenntnisse bekommen, die ihnen sonst verwehrt blieben. Die Rolle der Trainerpersönlichkeit beschreibt Karlfried Graf Dürckheim folgendermaßen: »Stellen Sie sich einen leeren Raum vor, in dem nichts ist. An Ihrer Weise, durch diesen Raum zu gehen, verwandeln Sie ihn entweder in einen Stall oder in eine Kirche. Denn er ist so, wie Sie sind. Es hallt von dort zurück, so wie Sie hineinrufen. Sie verwandeln den Raum.«[73]

Fragen Sie also den Trainer, den Sie in die engere Auswahl nehmen, wie er mit Räumen umgeht und welches Verständnis er davon hat. Trainer, die allzu hohe Ansprüche an Tagungsräume stellen, könnten mit suboptimalen Trainingsräumen Schwierigkeiten haben. Profitrainer können selbst aus »grottigen« Räumen Trainingskunstwerke machen, in denen das Erlernen des Neuen viel leichter gelingt. Auf diese Weise leben sie vor, dass Handeln und Gestalten wichtiger sind als Jammern.

Worauf Sie bei der Trainerauswahl achten sollten

Die folgenden Überlegungen und Empfehlungen sind das Ergebnis meiner 20 Jahre Trainings- und Weiterbildungserfahrung:

◆ **Ausbildung:** Prüfen Sie, ob eine Trainerin eine Trainerausbildung hat. Recherchieren Sie, wie umfangreich und zeitgemäß diese ist. Es gibt Trainerausbildungen, die nur vier Tage dauern. In dieser Zeit kann keine Trainerpersönlichkeit reifen. Ein Seniortrainer sollte mindestens zwei oder besser drei Trainerausbildungen absolviert haben. Zusätzliche Fachausbildungen sind auch ein großer Pluspunkt; dazu zählen zum Beispiel NLP, Coaching oder Planspiele. Damit erweitern und festigen Trainer ihre Kompetenzen.

◆ **Fachkenntnis und Fachkompetenz:** Inwieweit sind die angefragten Trainerinnen fachkompetent? Welche Berufs- oder Branchenerfahrung haben sie in Bezug auf das von Ihnen angefragte Thema? Findet sich diese Fachkompetenz auch in Büchern, anderen Veröffentlichungen, Blogtexten und Facebook-Posts des Trainers wieder? Auch die von dem Trainer veröffentlichten Kundenstimmen können einen Hinweis darauf enthalten.

◆ **Positionierung:** Eines der aktuellen Schlagworte in der Trainerzunft. Positioniert sich die Trainerin aus Ihrer Sicht klar und deutlich in Sachen Thema oder Expertise – oder trägt sie mehr eine Art Themen-Bauchladen vor sich her, frei nach dem Motto: »Ich kann alles«? Es gibt immer wieder neue Themen und Thementrends, zum Beispiel »Resilienz«, die Unternehmen plötzlich verstärkt anfragen, weil sie merken, dass der Bedarf groß ist. Manche Trainer springen dann fix auf den Trend auf und bieten das neue Thema »eben auch noch« an, obwohl sie dafür im Grunde kein Mandat haben. Die Positionierung eines Trainers sollte also nicht nur dessen Fachkompetenz zeigen, sondern auch etwas über den Nutzen und Mehrwert für die Zielgruppe aussagen.

◆ **Hauptaufgabe Training:** Es gibt viele Trainer, deren Hauptaufgabe nicht das Training ist; sie sind angestellt und trainieren nebenbei oder leben überwiegend vom Online-Business. Weil sie damit nicht ihren Lebensunterhalt bestreiten, fehlt diesen Trainern meist die

Trainingserfahrung, die es für das souveräne und kompetente Handeln im Weiterbildungsbereich braucht. Ein hauptberuflich tätiger Trainer verfügt in der Regel eher über diese wichtige Erfahrung.

◆ **Eignung:** Ein Coach ist ein Coach und kein Trainer. Noch weniger kann ein Coach eine Tagung oder ein anderes Großgruppenformat designen und durchführen. Ein Speaker ist womöglich grandios darin, Vorträge zu halten, das heißt aber noch lange nicht, dass sie oder er Trainings gaben kann, geschweige denn geeignet ist, andere Trainerinnen und Trainer auszubilden. Hier sind ganz andere Kompetenzen und Erfahrungen gefragt. Ausnahmen bestätigen natürlich die Regel. Es kommt also sehr darauf an, für welchen Anlass Sie eine Trainerin suchen. Berücksichtigen Sie diesen wichtigen Faktor.

◆ **Reputation:** Welchen Ruf genießt ein Trainer? Wie versiert ist er? Inwiefern bestätigen Kundenstimmen und Feedbacks seine Reputation? Wo finden Sie Stimmen und Bewertungen über ihn?

◆ **Siegel, Preise & Co:** Es gibt unzählige Siegel und andere Auszeichnungen. Manche Siegel oder Selbstverpflichtungen werden aus ethischen Gründen unterschrieben. Das individuelle Qualitätsverständnis einer Trainerin sorgt dann dafür, dass sie diese ethischen Standards einhält – oder auch nicht. So mancher Award ist gekauft oder wird über eine große Facebook-Community erlangt. Es gibt aber natürlich auch viele seriöse Preise und Auszeichnungen, die sich beispielsweise am Trainingskonzept, am wirtschaftlichen Erfolg, an der Performance oder am Kundenfeedback orientieren. Schauen Sie genau hin – recherchieren Sie auch einmal länger. Neue Siegel und Preise schießen wie Pilze aus dem Boden.

◆ **Kundenlogos als »Referenz«:** Wenn Trainer auf ihren Websites Logos von Kunden zeigen – statt Testimonials mit Originalzitaten von Kunden und entsprechenden Quellen –, müssen sie für diese Unternehmen noch nicht einmal tätig gewesen sein. Die Logos allein bedeuten erst einmal gar nichts. Auch gefakte Kundenlisten sind verbreitet. Fragen Sie nach – auch bei den genannten Referenzen. Lassen Sie sich die jeweiligen Projekte vom Trainer schildern.

◆ **Trainer im Trainerpool eines Konzerns:** Sicher, es ist praktisch, auf diese internen Trainer zurückzugreifen. Doch die Sache hat auch einen Haken. Diese Trainer bewegen sich meistens ausschließlich im eigenen Unternehmen und bekommen wenig Anregungen von außen. Sie werden darüber hinaus kaum von anderen Kunden gebucht. Es besteht also die Gefahr, dass sie zu sehr konzerngebunden agieren und keine notwendigen neuen Impulse bringen.

◆ **»Das kann ich auch noch!«:** Vorsicht bei solchen Trainern, denn sie setzen eher auf breite Masse als auf Expertise und Vertiefung. Profitrainerinnen können durchaus verschiedene Trainings anbieten, während insbesondere Anfänger noch nicht über genügend Erfahrung verfügen, um unabhängig von ihrem Kernthema weitere Seminare durchzuführen. Tiefgang und Nachhaltigkeit könnten dabei auf der Strecke bleiben. Der wahre Grund hinter dem eingangs zitierten Satz kann sein, dass dieser Trainer diesen Auftrag unbedingt braucht.

◆ **Vorsicht vor zu viel Glanz & Gloria:** Manche Trainer werden von einer Marketingagentur hochgepusht. Das geht heutzutage schneller, als Sie gucken können. Personal Branding soll als Booster für fehlende Aufträge und Akquise wirken, doch die wirkliche Trainerqualität ist dadurch nicht automatisch gegeben.

◆ **Werden Sie hellhörig, wenn Trainer »sich zum Affen machen«:** Diese Formulierung kommt manchmal sogar von den Trainern selbst. Sie tun dann etwas besonders Lustiges, um den Teilnehmenden beispielsweise ein Vorbild für Kreativität und Mut zu sein. Oft rutscht dieses »Zum-Affen-Machen« leider auf eine klamaukige Ebene. Der Trainer glaubt nicht wirklich, dass diese – meist humorvolle – Einlage seriös ist, er macht sie mit halbem Herzen. In solchen Fällen besteht berechtigte Skepsis, ob der Trainer sein Handwerk versteht. Ein »Sich-zum-Affen-Machen« ist kein wirklicher Mind oder Eye Opener und auch nicht unbedingt ein Zeichen von gutem Humor.

◆ **Persönlicher Eindruck:** Schauen Sie sich Trainer möglichst live und in Farbe an – dazu gibt es ausreichend Gelegenheit. Wenn das nicht geht, stöbern Sie auf Websites und bei YouTube aktiv nach Videos von Liveauftritten und anderen persönlichen Eindrücken. Laden

Sie die Trainerin zu sich ein, um mit ihr gemeinsam am Tisch zu sitzen, zu reden und Ideen zu entwickeln. Oder Sie schauen zu, wie sie Ideen, Lösungen und Möglichkeiten für Ihr Anliegen entwickelt. Haben Sie jedoch bitte Verständnis, wenn ein Trainer Ihnen ein solches Tagestraining berechnen möchte – es kostet ihn de facto Zeit- und Kraft.

7.
Wie planen wir das?
Das Trainingsdesign

»Wenn du ein Schiff bauen willst, dann trommle nicht
Männer zusammen, um Holz zu beschaffen, Aufgaben zu
vergeben und die Arbeit einzuteilen, sondern lehre sie
die Sehnsucht nach dem weiten, endlosen Meer.«[74]
ANTOINE DE SAINT-EXUPÉRY

Wer entscheidet bei Ihnen im Unternehmen, wo es hingehen soll und
welche Richtung Sie einschlagen? Die Menschen, die Verantwortung
tragen, mitbestimmen und **echte Stakeholder** sind, sollten den Kurs
festlegen. Bevor Sie Arbeitspakete an die Personalabteilung geben,
klären Sie zunächst für sich selbst, was Sie wollen. Ziele können zum
Beispiel »mehr Wachstum«, »mehr Reichweite«, »mehr Umsatz« oder
»mehr Service« sein.

Im nächsten Schritt planen Sie die genauen Ziele mit Kennzahlen
oder Ähnlichem – ich möchte mich mit meinen Ideen nicht in Ihr Projektmanagement einmischen – und irgendwann kommen dann auch
Ihre Bildungskonzepte an die Reihe. Diese sollten Sie zusammen mit
Profis und einem hochkarätig besetzten Team der Personalabteilung
planen, denn Sie können aus einem wahren Meer an Möglichkeiten
auswählen. Noch komplexer wird es, wenn Sie bedenken, dass Bildung mit so ziemlich allem verzahnt ist. Es lohnt sich, global und pro-
zessorientiert auf Ihr Unternehmen zu schauen. Entwickeln Sie Trai-
nings- und Lernkonzepte und binden Sie diese in einen attraktiven
Prozess ein. Jedes neue Thema, das Sie via Trainings & Co implementieren wollen, sollte einer Vision folgen und in eine Story oder etwas
anderes eingebunden sein, das einen attraktiven Namen hat – denn

dann entwickelt es eine magische Anziehungskraft. Die gewünschten Neuerungen – und dazu gehört auch ein neues Verhalten im Kundenkontakt – sollen doch den ganzen Menschen erreichen. Das Ganze muss attraktiv und wirksam sein, sonst ernten Sie im Unternehmen nur Unmut, der sich in erhöhtem Krankenstand, nachlassender oder unmotivierter Performance oder gar Kündigungen niederschlägt.

Je klarer Sie die Ziele vor Augen haben, desto besser ist der Kurs zu bestimmen. Klären Sie mit Ihrer Personalabteilung, welche Veranstaltungsformate Sie überhaupt wollen.

Den Trainingsbedarf erheben

Wer einmal über die Alpen gegangen ist oder ein ähnliches Abenteuer für sich geplant hat, der weiß, dass trotz bestem Reiseführer jede Route anders ist. Das gilt genauso für Trainings – die können auch nicht von der Stange oder der vorgefertigten CD kommen, sie müssen zum Unternehmen passen. Anders gesagt: Jedes Unternehmen muss seine eigenen Konzeptpakete schnüren. Je zentraler – oder weiter oben – diese Themen im Unternehmen zusammenlaufen, desto besser, da auf diese Weise Unmengen an Ressourcen gespart werden.

Trainings und Weiterbildungskonzepte braucht es immer dann, wenn neue Lösungen hermüssen. Man muss also zunächst einmal das »Problem« beschreiben, das ich hier ganz bewusst in Anführungsstriche setze. Man könnte auch vom Ausgangspunkt sprechen oder von der **Ist-Situation**. Auf der anderen Seite steht die Wunschsituation – der **Zielzustand**. Nachfolgend ein paar Anregungen für das Aufdecken und Analysieren des Trainingsbedarfes:

Die **Toyoda-Methode**, auch **5-Why-Methode** genannt, stammt aus dem Bereich des Qualitätsmanagements; mit ihrer Hilfe lässt sich die Ursache eines Defekts oder eines Problems bestimmen. Aber auch für Fragen in Richtung Zukunft und noch nicht erkannte Lösungen ist sie in meinen Augen sehr geeignet. Ein Beispiel:

1. Warum will ich die Mitarbeitenden entwickeln? Damit sie selbstständiger arbeiten.
2. Warum sollen sie selbstständiger arbeiten? Damit sie eigene Projekte ohne fremde Hilfe umsetzen.

3. Warum sollen sie eigene Projekte ohne fremde Hilfe umsetzen? Damit die Führungskräfte entlastet werden.
4. Warum sollen die Führungskräfte entlastet werden? Damit sie mehr Zeit für strategische Aufgaben gewinnen.
5. Warum sollen sie mehr Zeit für strategische Aufgaben gewinnen? Damit sie die Kulturtransformation des Unternehmens vorantreiben können.

Und auch diese Fragen helfen, die Ausgangslage für den Trainingsbedarf zu erkennen:

◆ Wo wird gerade deutlich, dass eine Verbesserung notwendig ist? Was gibt es zu lernen bzw. zu verbessern?
◆ Wo genau zeigte sich Verbesserungsbedarf im Rahmen regelmäßiger Qualitätskontrollen inklusive Kunden- und Mitarbeiterbefragungen?
◆ Von wem kommt der Impuls oder die Initiative?
◆ Gibt es einen konkreten Anlass? Wenn ja, welchen?
◆ Warum ist das gerade aktuell? Was genau ist gerade los?
◆ Was? Wie? Wann? Wo? Wie häufig?
◆ Was genau sind die Auswirkungen des Problems …
  – auf den Markt,
  – auf die Kundinnen,
  – auf die Mitarbeitenden,
  – auf den Prozess,
  – auf die Umwelt / Umgebung,
  – auf das Unternehmen und dessen Wachstum?

Eine zentrale Frage lautet: Was genau soll nach dem Training oder dem Blended-Learning-Konzept anders sein? Woran genau merken Sie, dass es anders ist?

Wer ist die genaue Zielgruppe der Bildungsmaßnahme? Die Zielgruppe wird vermutlich nicht immer homogen sein, doch je klarer sie eingegrenzt und definiert wird, desto besser! Was sollten Sie wissen?

◆ Größe der Zielgruppe
◆ Vorkenntnisse und Kompetenzstufen der Teilnehmenden
◆ Welche Erfahrungen hat die Zielgruppe mit dem Thema (bisher gemacht)?

- ◆ Welche Abteilungen, Arbeitsfelder und Teams sind betroffen bzw. sollen erreicht werden?
- ◆ Welche Motivation bzw. Bereitschaft haben die Teilnehmenden?
- ◆ Gibt es Altlasten oder Einwände, die in der Zielgruppe vorher geklärt werden sollten?

Um das Training noch besser planen zu können, helfen auch die folgenden Fragen:

- ◆ Welche Trainings, Kurse, Bildungsmaßnahmen gab es schon? Mit welchem Resultat?
- ◆ Welche Lernplattformen haben Sie bisher genutzt? Welche Vorteile bzw. Nachteile hatten diese?
- ◆ Warum haben Sie bisher mit welchen Trainerinnen zusammengearbeitet? Was lief gut, was nicht? Was soll evtl. anders werden?
- ◆ Welche Resultate möchten Sie erzielen?
- ◆ Welchen Kulturwandel streben Sie an?
- ◆ Was möchten Sie Neues, bisher Unbekanntes erleben und bewirken?
- ◆ Welche Impulse und Inspirationen haben Sie von Messen, Kongressen, Fachtagungen und/oder aus Fachzeitschriften etc. mitgenommen?

Fragen Sie die Menschen im gesamten Unternehmen: Was sollten wir noch lernen? Wohin wollen wir? Was brauchen wir dafür?

Wo stehen die Lernenden?

Wenn Sie das »Problem«, die Zielgruppe und die Trainingsthemen ermittelt haben, müssen Sie herausfinden, auf welcher Erkenntnisstufe Ihre Zielgruppe sich bezüglich des Themas befindet. Dabei hilft Ihnen das folgende Schema:[75]

▶ Level Kennen – »Ich hab´s schon mal gehört!«

Die Teilnehmenden kennen das Thema und konnten Teile davon schon als relevant identifizieren. »Kennen« bedeutet eine Auseinandersetzung auf einer niedrigen kognitiven Stufe. Da einmal gehört quasi vergessen ist, können die Teilnehmenden das Wissen noch nicht situativ abrufen.

⇨ *Gewünschte Ergebnisse*: Teilnehmende sollten sagen: »Das kommt mir bekannt vor!«, »Das habe ich schon mal gehört.«

⇨ *Wert für das Unternehmen*: sehr gering

▶ Level Wissen – »Da kenne ich mich schon aus!«

Die Teilnehmenden können das Wissen abrufen, das funktioniert auch situativ. »Wissen« bedeutet, dass die Teilnehmer die Inhalte stetig wiederholen müssen, um sie zu festigen. Je mehr Wiederholungen, desto besser werden die Inhalte behalten. Wenn der Zugang zur Information immer wieder ein anderer ist, hat das eine positive Wirkung – das spricht für adaptive Lernkonzepte und reduziert die Zahl unnötiger Wiederholungen. Die Teilnehmenden wissen jetzt, wie sie das neue Wissen oder Know-how gewinnbringend anwenden können.

⇨ *Gewünschte Ergebnisse*: Teilnehmende sollten sagen: »Ich kenne mich gut aus!«, »Mit diesem Thema kenne ich mich aus – du kannst mich gerne fragen!«

⇨ *Wert für das Unternehmen*: gering

▶ Level Können – »Jetzt weiß ich, wie es geht!«

Von »Können« kann man sprechen, wenn Lernende das Wissen mindestens einmal angewandt haben. Eine wertvolle Darstellung des Nutzens hilft den Menschen, ihr Können zur Verfügung zu stellen und dementsprechend auch ihr Verhalten zu ändern. Die Teilnehmenden wissen, »wie es geht«.

⇨ *Gewünschte Ergebnisse*: Teilnehmende sollten sagen: »Jetzt weiß ich, wie es geht!«, »Das ist mir vertraut.«, »Das habe ich schon mal gemacht.«

⇨ *Wert für das Unternehmen*: mittel

▶ Level Umsetzen – »Ich habe mein Warum und setze es um!«

Zum Können kommt nun noch das Wollen hinzu, Motivation und Einsicht sind da. Die Teilnehmenden setzen das erworbene Wissen situativ richtig ein, dies geschieht jedoch noch nicht intuitiv und nicht kontinuierlich. Sie stehen somit auf der Stufe der »bewussten Kompetenz«. Sie setzen etwas um, weil sie eindeutig erkannt haben, was ihr individueller Mehrwert und ihr persönliches Motiv sind.

⇨ *Gewünschte Ergebnisse*: Teilnehmende sollten sagen: »Nun bin ich überzeugt, ich werde XY umsetzen, weil ich weiß, warum es gut ist.«

⇨ *Wert für das Unternehmen*: hoch

▶ **Level Etablieren – »Ich tu´s einfach!«**

Nun haben die Lernenden Routine; Wissen und Verhalten sind nahezu intuitiv und reflexartig – ohne viel Anstrengung – abrufbar. »Etabliert« bedeutet, dass das Können in den Alltag übergegangen ist. Den Teilnehmenden ist es gelungen, das neue Verhalten in die bestehenden Routinen zu integrieren, sie bringen genügend Disziplin auf, dieses neue Verhalten als Standard anzunehmen und zu leben.

⇨ *Gewünschte Ergebnisse*: Teilnehmende sollten sagen: »Für mich ist das klar und logisch.«, »Ich nutze das in meinem Arbeitsalltag.«

⇨ *Wert für das Unternehmen*: sehr hoch

▶ **Level Transformation – »So machen wir es!«**

Das neue Wissen und Verhalten wird intuitiv gelebt und ist für Mitarbeitende und Team Normalität geworden. Man könnte auch von Neugestalten sprechen. Damit überzeugen sie auch andere Mitarbeitende von der Sinnhaftigkeit dieses Neuen. »Transformation« steht dafür, dass sich Denken und Verhalten nachweislich verändert haben.

⇨ *Gewünschte Ergebnisse*: Teilnehmende sollten sagen: »So sind wir!«, »Unser Team macht das so!«, »Das ist logisch bei unserem Teamverständnis.«

⇨ *Wert für das Unternehmen*: besonders hoch

Nicht jede Schulung oder Trainingseinheit bringt Menschen gleich auf die Stufe des Etablierens oder der Transformation. Wer das Thema nur kennt, für den ist es schon viel, es zu können oder gar umzusetzen. Das geht aber nicht in einem 3-Stunden-Kurs. Das Gehirn benötigt für die Integration des neuen Wissens eine gewisse Inkubationszeit. Achten Sie deshalb bei Angeboten auch darauf, welche Ziele ein Trainer für die Lernenden anbietet. Das Trainingsdesign muss stimmen!

Es ist also in gewisser Weise ein Hexenwerk, den wirklichen Trainingsbedarf zu erkennen. Wer eine adaptive Lernplattform nutzt, muss hier nicht weiterlesen. Die Software erkennt die Kompetenzprofile der Lernenden nach ein oder zwei Aufgabenstellungen und führt dann entsprechend im System weiter.

Denken Sie in Prozessen und größeren Zusammenhängen. Ein Training bzw. Trainingskonzept ist niemals eindimensional. Die Wirkung einer genialen Tagung kann weitaus größer sein, als Sie es bisher dachten; den Grad der Inspiration für die verschiedensten Abteilungen können Sie als Entscheiderin oder Initiatorin vielleicht gar nicht beurteilen. Nur weil die Wirkung von Standardtrainings bisher nicht so groß war, heißt das nicht, dass andere, ungewöhnliche Trainings nicht sogar das Gegenteil bewirken: Oft genug erfahre ich von Menschen, die in meinen Seminaren waren, dass sie sich selbst fünf Jahre später noch an die Stimmung, das Thema und kleinste Details erinnern. Das kann auch Ihr Standard werden!

Lernziele definieren

Wie heißt es so schön: Der Weg ist das Ziel. Ziele geben die Richtung vor. Ich war Marathonläuferin – da steht einem das Ziel monatelang vor Augen. Und damit ist nicht nur das wortwörtliche »Ziel« gemeint, durch das man am Ende laufen möchte. Es ist ein Ziel für den Körper, diese Strecke von gut 42 Kilometern unbeschadet zu überstehen. Es ist ein Ziel für den Kopf, die Läuferin auch noch nach Kilometer 30 mental zu motivieren, und es ist ein großes Ziel für das Herz bzw. unsere emotionale Seite, es zu genießen, daran zu glauben, dass es klappt, und diesen Wunsch überhaupt erst einmal in sich zu gebären. Das eine Ziel geht nicht ohne das andere, sie wirken zusammen. Und ich kann nicht einfach so, aus dem Stand, einen Marathon laufen, es braucht dafür eine gewisse Trainingsfitness, also Kompetenz. Ganz ähnlich ist es auch beim Lernen.

Viele Unternehmen richten den Fokus lediglich auf die kognitiven Lernziele, es werden nur Zahlen, Daten, Fakten vorgestellt. Die sind für den Kopf – das Herz, die Emotionen und die innere Haltung bleiben dabei oft auf der Strecke.

Wir gewinnen viel mehr überzeugte und im besten Fall begeisterte Mitarbeitende, wenn wir mit unseren Zielen über die rein kognitive Ebene hinaus auch die affektive Ebene erreichen. Wir wissen, dass wir unser Verhalten und unsere Einstellung nicht ohne Weiteres ändern können, es braucht die konsequente Erfahrung, dass sich das langfristig lohnt.

Alle Menschen – unabhängig davon, ob wir Mitarbeitende eines Unternehmens oder einer Organisation, Gigger oder Selbstständige sind – haben individuelle persönliche Bildungsziele. Die Bedürfnispyramide von Abraham Maslow zeigt auf den oberen Ebenen – nachdem die grundlegenden Bedürfnisse erfüllt sind – persönliche Ziele wie:

- Liebe, Freundschaft, Nähe und Akzeptanz in der engeren und weiteren Gemeinschaft,
- Respekt, Selbstachtung, das Gefühl, wertvoll und wichtig zu sein,
- den Wunsch, das eigene Potenzial auszuschöpfen,
- den Wunsch, im Einklang mit einem höheren Ziel zu sein.

Lernziele gibt es viele und natürlich ebenso viele Theorien. Ich möchte einige Aspekte herauspicken, die mir ganz besonders wichtig sind.

Lernziele für die Lernenden

Bei »von oben« angeordneten Trainings, die von den Mitarbeitenden oft als eine Art Zwangsveranstaltung empfunden werden, lautet das persönliche Ziel der Teilnehmenden zum Beispiel: »Ich will, dass der Tag schnell vorübergeht.« Oder: »Das habe ich doch schon oft in Trainings gehört – ich möchte etwas Neues lernen.« Doch wie wäre es zur Abwechslung mit diesen Alternativen?

- »Ich möchte mit meinem bisherigen Wissen und meinen Erfahrungen ernst genommen werden.«
- »Ich möchte etwas lernen, was sich ganz konkret auf die Probleme meiner Arbeit fokussiert und dafür Lösungen anbietet.«
- »Ich möchte meine Fähigkeiten verbessern, eine neue Haltung als Führungskraft bekommen.«
- »Ich möchte mehr von Thema XY verstehen.«
- »Ich möchte ein freundlicherer Zeitgenosse werden.«
- »Ich möchte eine neue Bewegungsform, eine neue Sprache etc. lernen.«

Manchmal ist der Mitarbeitende in Bezug auf seine Kompetenzen weiter als der Trainer. Das kann zu einem Konflikt führen, weil der Trainer dann eventuell nicht in der Lage ist, stimmige Lernziele zu finden bzw. den Inhalt oder das Thema entsprechend aufzubereiten. Das kann zumindest im Präsenztraining der Fall sein – digital wird es wohl eher selten vorkommen. Berücksichtigen Sie das bei der Auswahl der Trainer.

Lernziele für die Unternehmen

Lernziele sind wichtig, sie geben die Richtung vor – doch müssen sie für den Alltag der Lernenden und deren Probleme und Anforderungen eine Antwort bieten. Lernziele der Unternehmen sind dann sinnvoll, wenn sie zu den Lernzielen der Teilnehmenden werden.

Lernziele sind wichtig, weil:

◆ Teilnehmende sich damit in ihren Arbeitsalltagsanforderungen wahrgenommen sehen,
◆ sie den Bezug zum Inhalt einer Bildungsmaßnahme erkennen lassen; das fördert die Sinnhaftigkeit beim Lernen,
◆ sie – insbesondere beim E-Learning – die Lernzielkontrolle ermöglichen,
◆ sie den Nutzen einer Bildungsveranstaltung deutlich machen und diese scharf von anderen Events abgrenzen,
◆ Lernende eigene Lernschritte und -erfolge gut nachvollziehen können,
◆ sie für Trainer die wertvollste Trainingsplanungsgrundlage sind.

Als Unternehmen sollten Sie festlegen, was sich bei den Teilnehmenden durch das Training in ihrem Denken, Wissen und Verhalten, in ihren Fertigkeiten oder Einstellungen (Glaubenssätze, Haltungen) verändern soll. Dazu müssen Sie wissen, wo die Teilnehmenden stehen und in welche Richtung sie sich entwickeln sollen. An dieser Stelle geht es um das Thema Kompetenz – wir müssen wissen, auf welcher Kompetenzstufe sich die Menschen mit ihrem Wissen und ihren Fähigkeiten befinden. Wir können keine großen Sprünge machen – es geht nur Schritt für Schritt. Womit wir wieder bei der Langstrecke wären: Auch vor einem Marathon liegen meist der Halbmarathon und der 10-Kilomter-Lauf.

Lernzielmodelle arbeiten auf der Basis von **Kompetenzstufen**. Mit einer 60-minütigen Trainingssequenz erreichen wir normalerweise weniger Kompetenzstufen als mit einer zweitägigen Trainingssession. Umfangreiche Lernziel-Taxonomiestufen sind jedoch nicht jedermanns Sache, weil sie teilweise viel zu aufwendig und sperrig daherkommen. Für viele Trainer ist es schon eine große Sache, überhaupt affektive Ziele zu bestimmen.

Doch der Zuwachs an Wissen variiert in Trainings, denn die Teilnehmenden können bestimmte Kompetenzlevel oder Fähigkeiten und Einstellungen nur in bestimmten Schritten erreichen. Die Erkenntnis, dass es verschiedene »Höhen« oder »Levels« von Kompetenzen gibt, hilft den Menschen, die Trainings entwickeln und durchführen, genau zu schauen, welches Level – hier Taxonomiestufe genannt – mit welchem Training erreicht werden könnte. Nach einer Stunde im Wasser kann ein Nichtschwimmer nicht schwimmen – es braucht mehrere Lern- und Erfahrungseinheiten.

Mir haben diese **Taxonomiestufen** viele Jahre bei der Angebotserstellung für Fachtrainings geholfen. Damit konnte ich dem Kunden plausibel klarmachen, was wir in einem Halb- oder Ganztagestraining überhaupt schaffen können. Das stellt eine wunderbare Basis für Verhandlungen und ein ehrliches Briefing dar.

Lernzielarten

Die Lernziele selbst werden dann sehr konkret beschrieben. Wer die folgenden drei Aspekte berücksichtigt, wird damit besser zurechtkommen:

◆ **Lernzielarten:** Ich unterscheide drei verschiedene Arten von Lernzielen: kognitive, affektive und psychomotorische.
◆ **Schwierigkeitsgrad:** Auf dieser Ebene lege ich fest, welches (Lern-)Niveau die Teilnehmer erreichen sollen. Das ist für mich schon für die Angebotserstellung wesentlich. Diese spreche ich mit dem Auftraggeber sehr genau ab.
◆ **Grad der Konkretisierung:** Hier wird das Ziel konkret definiert und festgelegt. Das ist dann meine spätere Richtschnur für die genauere Trainingsplanung.

Es gibt diese drei großen Lernzielarten:

◆ **Kognitive Lernziele:** Sie beziehen sich auf den Bereich des Wissens und Denkens sowie auf die Entwicklung intellektueller Fähigkeiten. Die Frage hier ist: »Was genau sollen die Teilnehmenden nach dem Training wissen?«
◆ **Psychomotorische Lernziele:** Sie beziehen sich auf das Können, also manuelle und motorische Fertigkeiten und Fähigkeiten, aber

auch auf die Koordination von Bewegungsabläufen. Die Frage hier ist: »Was sollen die Teilnehmenden nach dem Training anwenden können?«

◆ **Affektive Lernziele:** Sie beziehen sich auf das Wollen, auf die Veränderung von Interessen, Einstellungen, Werten und Haltungen. Die Frage hier ist: »Was genau sollen die Teilnehmenden verstanden haben?«

Beginnen Sie mit den affektiven Lernzielen, das sind meiner Erfahrung nach die wichtigsten. Solange ich die Menschen nicht für ein Thema gewonnen habe, ist noch keine ausreichende intrinsische Motivation vorhanden. Es spielt dabei keine Rolle, ob die Weiterbildung in Form eines Webinars oder eines Präsenztrainings stattfindet. Entscheidend ist, dass der Auftakt Begeisterung, Freude und echte Motivation auslöst. Der gesamte Rahmen von Trainingskonzepten ist enorm wichtig – sie sollen magisch und anziehend sein.

Beschreiben Sie die Ziele möglichst konkret – wie einen gewünschten Zustand:

◆ Formulieren Sie das Ziel in der Gegenwart, als wäre es bereits erreicht, und aktiv: »Die Teilnehmenden kennen die neuen Service-Aspekte im Kundenkontakt«, »Sie wenden die drei neuen Service-Aspekte X, Y und Z sichtbar an« etc.
◆ Formulieren Sie stets positiv, eine Negation verwirrt nur.
◆ Formulieren Sie so konkret wie möglich – so konkret, dass ein Ziel überprüfbar ist.
◆ Bilden Sie ganze Sätze.

Die Definition von Zielen kommt einer Kursbestimmung gleich – Sie legen damit das Level und die Richtung fest. Die Wahl der Ziele beeinflusst maßgeblich die Methodenwahl.

Lernzielkontrolle

In der Schule gibt es Klassenarbeiten. Hier können die Schüler zeigen, ob und wie sehr sie den Lerninhalt verstanden haben und hinsichtlich einer speziellen Aufgabenstellung anwenden können.

Doch wie funktioniert das in der betrieblichen Bildung? Um bei einem Training nach der Lernphase zu überprüfen, ob die Teilnehmenden die Ziele tatsächlich erreicht haben, braucht es erkennbare und nachvollziehbare Indikatoren. Diese müssen im Vorfeld, ähnlich wie Kennzahlen, festgelegt werden. Dieses Thema wird derzeit heiß diskutiert und wirft viele Fragen auf. Wie kann beispielsweise in einem Persönlichkeitstraining (z. B. einem Führungskräftetraining) ein individuelles Ergebnis bei einem der Teilnehmenden erreicht werden bzw. wie lässt es sich überprüfen?

Bei kognitiven Lernzielen kann über Fragebögen, schriftliche Tests etc. der Erfolg überprüft werden. Wenn zum Beispiel für die Erlangung eines bestimmten Zertifikats 80 Prozent korrekte Antworten nötig sind, gilt alles darunter als »nicht bestanden«. Auch das Erreichen psychomotorischer Lernziele kann sichtbar überprüft werden, indem der Teilnehmende zeigt, wie er oder sie etwas praktisch ausführt.

Das Erreichen affektiver Lernziele lässt sich hingegen viel schwerer nachweisen, denn wie soll das erkannt oder beurteilt werden? Persönlichkeitstests, die nach einem Training ausgeführt werden, sind für manche Unternehmen eine Lösung für dieses Problem. Aus meiner Erfahrung weiß ich, dass eine Trainerin einen Teil dieser Zielerreichungsaspekte bereits während eines Trainings beobachten kann. Hier liegt noch viel Potenzial für die Zukunft. Darüber hinaus bieten sich für viele Trainings diverse Lerntests und Quizspiele in allen möglichen Varianten an.

Das Thema Lernzielüberprüfung fällt bei hochwertigen E-Learning-Plattformen weg, denn die Kontrolle ist, insbesondere bei adaptiven Konzepten, ohnehin integriert. Der Lernende muss kontinuierlich kleine Aufgaben lösen, die eine Art von Lernzielkontrolle darstellen.

Inhalte strukturieren

Wie werden Inhalte zusammengestellt? Wer hat die Inhaltshoheit? Wer weiß wirklich, um welchen Inhalt bzw. welche Inhaltstiefe es geht? Das kann nicht allein der Trainer oder die Trainerin entscheiden, es braucht die Abstimmung mit den Verantwortlichen für die gewünschte Weiterentwicklung, die durch die Trainings- oder Bildungsmaßnahme XY erreicht werden soll. Wer im Unternehmen dafür zuständig ist, variiert je nach dessen Struktur. Oft sind es die Trainerinnen oder die Verantwortlichen in der Personalentwicklung.

Aus meiner Erfahrung heraus kann ich nur immer wieder betonen, wie wichtig es ist, hier einen echten Profi ans Werk zu setzen. Sie oder er muss sich inhaltlich sehr gut auskennen, um den Inhalt und die gewünschte Zielsetzung bestmöglich in Einklang zu bringen und auch die Inhaltsgüte beurteilen zu können.

Quellen für Inhalte

Die Frage ist nun, woher der Inhalt für die Weiterbildung kommt. Der findet sich zum Beispiel hier:

◆ Internet inklusive YouTube, TED Talks und andere OER (Open Educational Resources = offene Bildungsressourcen)
◆ Fachliteratur: Bücher, Magazine und Zeitschriften
◆ Online-Magazine
◆ Vorträge, Seminare und Trainings
◆ Fachexperten
◆ Kolleginnen
◆ Netzwerke und Verbände, Kammern und Zünfte

Die meisten Unternehmen haben bereits Content, manchmal schlummert er friedlich in Schubladen und Ordnern. Schauen Sie also nach. Gibt es:

◆ Unterlagen zu bisherigen Trainings, Vorträgen und Seminaren,
◆ QM-Handbuch und eigenes Wikipedia,
◆ gesetzliche Vorschriften und andere Richtlinien,
◆ Prozessbeschreibungen und Prozessinformationen,
◆ diverse Handbücher und Unterlagen, die sich bereits im Unternehmen bzw. in den verschiedenen Arbeitsbereichen befinden? Dazu gehören Sicherheitsbestimmungen, Arbeitsschutzvorgaben, Compliance-Regeln etc.

Sichten Sie dieses Material und prüfen Sie, ob es noch aktuell ist (in manchen Branchen verändert sich das Fachwissen rasant), welche Inhalte genutzt werden können und was Sie in aktualisierter Form brauchen. Klären Sie anschließend, wer neue Inhalte beitragen kann. Dann kommt die schrittweise Aufteilung der Inhalte nach Zielen oder Grobzielen.

Im E-Learning-Bereich können Sie Standardinhalte auch kaufen, das geht meist über Kauflizenzen. Aber Vorsicht – auch hier bitte sorgfältig prüfen, ob das jeweilige Standardmodul inhaltlich zum Thema und zur Zielgruppe passt. Die schönen kreativen Elemente eines Kurses können unter Umständen über dessen inhaltliche Schwäche hinwegtäuschen.

Inhalte bearbeiten

Nun geht es an die Aufbereitung der Inhalte – wie sollen sie ausgewählt und dosiert werden? Das erinnert mich immer an die Vorbereitung eines Menüs, bei dem die Zutaten eine besondere Rolle spielen. Überhaupt mag ich diesen Vergleich sehr gerne: Da bekommen die Menschen ein leckeres Essen mit gesunden Inhaltsstoffen, die ihnen guttun; meist gibt es mehrere Gänge und das Ganze findet in bester Gesellschaft statt; alle scheinen sich gut zu verstehen und erachten die gemeinsame Zeit als äußerst wertvoll. Genau so sollte ein gelungenes Training ablaufen

Für jedes nur erdenkliche Seminarthema gibt es eine schier unüberschaubare Fülle von Ansätzen, die inhaltlich zu dem Thema passen und im Grunde alle sinnvoll und wichtig sein können. Doch sie müssen nicht immer alle bearbeitet werden, damit sich Menschen für das Thema öffnen und Neues erfahren. Was machen wir also mit solch einer Fülle?

»Selektieren« lautet die Antwort. Das gelingt, wenn wir uns die Ziele des Trainings (die natürlich auf die spezifische Zielgruppe, deren Vorwissen und die anvisierte Umsetzung in den Unternehmen abgestimmt sind) erneut vor Augen führen. Ähnlich wie beim Entrümpeln des Kellers hilft es, verschiedene Kategorien für Inhalte zu bilden:

◆ Kann ganz weg!
◆ Könnte dabei sein!
◆ Muss dabei sein!

Je nachdem, welche Lernziele erreicht werden sollen und welches Trainingsformat Sie oder die zuständige Expertin entwickeln möchten (ein- oder mehrtägiges Präsenztraining, reines E-Learning-Format oder Blended-Learning-Format), sollte entschieden werden, welche Inhalte in welcher Kategorie landen.

Sollte das noch nicht ausreichen, schließt sich eine zentrale Frage in puncto Auswahl an: Was wäre, wenn es nur ein Lernziel zu erreichen gäbe? Welches wäre das? Wäre es das wichtigste von allen, damit die Teilnehmenden für ihre Praxis den bestmöglichen Gewinn haben?

Mit diesem gedanklichen Trichter lassen sich Inhalte sehr gut aufbereiten, denn hier wird die Verantwortliche quasi gezwungen, eine punktgenaue Entscheidung zu treffen (das gilt insbesondere für die Konzentration von Trainingsinhalten bei der Gestaltung von Mikrotrainings).

Das Gedankenspiel lädt außerdem direkt zu einer wichtigen Überlegung ein: Mit welcher Methode kann dieser Inhalt am besten aufbereitet werden? Die folgende Struktur kann helfen, den Inhalt mit den Zielen und Methoden zu verknüpfen.

Trainingsdesign: Vom Ziel zur Methode

Erster Schritt: Ziele fixieren

◆ Zielgruppe und deren Voraussetzungen analysieren
◆ Ziele der Veranstaltung formulieren
◆ Abgleich mit den Anforderungen an diese Trainings- oder Bildungsmaßnahme sowie mit den möglichen Voraussetzungen und Erwartungen der Teilnehmenden und aller wesentlichen Beteiligten

Zweiter Schritt: Inhalte sammeln, filtern und sortieren

◆ Hier bietet sich eine Auflistung und/oder ein Mindmap an. Eventuell Abgleich der gesammelten Inhalte mit anderen Trainingskonzepten, die den Teilnehmenden sonst noch zu Verfügung stehen (Gesamtkonzept der Personalentwicklung, vorbereitende und Anschlussveranstaltungen)
◆ Erarbeitung der Teilziele für jeden Abschnitt, Zuordnung der Inhaltsaspekte

Dritter Schritt: Struktur entwerfen und Methoden auswählen

◆ Feinplanung der Einheiten
◆ Auswahl der geeigneten Methoden

Der dritte Schritt sieht im Detail wie folgt aus:

1. Verteilen

◆ Verteilen der Inhaltsblöcke auf das Training: Wie werden die Inhalte aufgebaut sein – orientiert an den Lernzielen?

◆ Wo bestehen inhaltliche Verbindungen? Was baut aufeinander auf?

◆ Was passt zum Tageseinstieg? Was sind die wichtigsten Momente? Was steht sinnvoll am Ende?

◆ Wie groß sind die jeweiligen Inhaltsmengen? Sind sie gut zu verdauen?

2. Lernphasen planen

◆ Welchen Anteil hat die Präsentation eines Inhalts oder Themas und in welchem Ausmaß sollen sich die Lernenden den »Stoff« selbst erarbeiten? Was sollten sie ausprobieren und erfahren? (Zeitplanung! Dies benötigt oft mehr Zeit!)

◆ Wie wird der Wechsel zwischen Phasen der Informationsaufnahme, der Informationsverarbeitung und der Transfersicherung gestaltet?

◆ Welche Einstiege, welche Effekte, welche Wirkungen sollen dabei sein oder entstehen?

◆ Welcher Abschluss könnte diese Veranstaltung krönen?

3. Komponieren und designen

Jetzt kommt die Kernarbeit, die ich persönlich besonders schätze – die bewusste Gestaltung des Trainings bzw. Seminars. Es geht um die Ausgestaltung der Varianten:

◆ besondere Momente und Ereignisse. Was genau sollen die Teilnehmenden erreichen? Was sollen sie erleben und auch als Besonderheit mitnehmen aus der Veranstaltung?

◆ Wechsel der einzelnen Phasen

◆ Sozialformen, Gruppen- und Einzelerlebnisse

◆ Pausen

◆ Methoden für die Aufnahme der Informationen

◆ Methoden für die Bearbeitung der Informationen[76]

Die Trainingsdramaturgie oder: Der rote Faden

Um das beste Konzept für Ihren speziellen Bedarf im Unternehmen zu finden, lohnt es sich, sich einmal in die »Schuhe des Trainers« zu begeben. An was muss er denken, wenn er das Training designt oder an Ihre Bedürfnisse anpasst? Sich das Ganze aus der Perspektive des Anbieters anzusehen, hilft Ihnen, bei der Auswahl des Trainings und in Gesprächen mit den potenziellen Trainerinnen die richtigen Fragen zu stellen. Auch die Beraterin, die das Training mitentwickelt, profitiert von diesen Hinweisen zur Planung eines Trainings. Sie können also mit allen Verantwortlichen zusammen diese Schritte bedenken bzw. auch später evaluieren. Auf was kommt es an?

Der rote Faden eines Trainings ist ein Sinnbild für das, was ich unter Trainingsdesign verstehe: eine lebendige, prozessorientierte Dramaturgie, die einen optimalen, größtmöglichen Lernerfolg erlaubt.

Beim Stichwort »Dramaturgie« denkt vermutlich jeder ans Theater. Ein Theaterstück folgt stets einer bestimmten Dramaturgie – es gibt verschiedene Phasen, die das Publikum erleben soll, und der Aufbau des Stückes entspricht dieser Grundidee. Um eine bestimmte Wirkung zu erzielen, müssen gewisse Aspekte berücksichtigt werden: zum Beispiel die dramatischen Effekte einzelner Bausteine, die Identifikation des Zuschauers mit den Figuren, die Vorerfahrungen des Publikums und seine Erwartungshaltungen, die logische Abfolge von Ereignissen und dergleichen mehr. Gleiches gilt im Trainingskontext für E-Learning-Sessions und Präsenzformate.

Ein persönliches Beispiel: Während ich das schreibe, befinde ich mich noch in einer mehrjährigen Theater- und Clownsausbildung. Vor einiger Zeit hatten wir, die Performer des 18-köpfigen Ensembles, die Aufgabe, die Reihenfolge unserer Solostücke für eine Werkschau festzulegen. Erstaunlicherweise ging das recht einfach. Jede beschrieb einen Zettel mit dem Clownsnamen und dem Szenentitel, anschließend legten wir diese Zettel auf den Boden. Unsere Aufgabe bestand nun darin, diese einzelnen Szenen unter dramaturgischen Gesichtspunkten aneinanderzureihen. Der Anfang stand sofort: Ohne viel Diskussion war uns klar, wer aus dem Ensemble die stimmigste Szene dafür hatte – es war eine der energiegeladensten. Nachdem wir auch die Szene für das Ende festgelegt hatten, fanden sich die Szenen in der Mitte einfach so ein. Es war leicht, weil wir in »Stimmungen« und »Erlebnissen« dachten, die wiederum vom Typus und der Energie der einzelnen Spielerinnen und Spieler abhängig waren. Es gelang uns mit diesem Ansatz, trotz der Vielzahl der Beteiligten ohne lange Diskussionen zu einem stimmigen Ergebnis zu kommen.

Von Anfang bis Ende

Wertvolle Trainings, egal ob digital oder analog, beginnen mit einem »Bäng!«, einem besonderen Moment, der – je nach Mut-Level und Intention – extrem out of the box oder im Gegenteil recht konventionell ist. Dafür eignet sich vor allem der Überraschungseffekt – etwas, mit dem die Teilnehmenden nicht gerechnet haben. Wenn schon der Beginn so anders ist, wird der emotionale Aufruhr oder das Interesse der Teilnehmenden meist extrem hoch sein.

Ansonsten braucht ein wirkungsvoller roter Faden Dynamik, Höhepunkte, aufregende Momente und unterschiedliche Phasen. Ausgangspunkt des Designprozesses sind Fragen, die deutlich machen, was die Teilnehmenden hinsichtlich der Lernziele erleben sollen:

- Was passt zum Einstieg? Wie können hier Überraschungsmomente stattfinden?
- Was baut aufeinander auf?
- Was steht sinnvollerweise am Ende des Seminars?
- Wie groß sind die jeweiligen Inhaltsmengen – wie können sie evtl. noch verteilt werden?
- Welche besonderen Momente, Erkenntnisse, Aha-Erlebnisse, Erfolgserlebnisse sollen für die Teilnehmenden erschaffen und ermöglicht werden?
- Was sind die drei oder fünf Höhepunkte?
- Wie kann auf diese Höhepunkte »hingearbeitet« werden, sodass sich eine Spannung aufbaut?
- Wie kann die besondere Seminarstimmung variiert und alternativ erlebt werden?

Zu einer gelungenen Dramaturgie gehört auch ein **durchdachter Rhythmus**. Lernen ist ein organischer Prozess, er profitiert von Abwechslung auf verschiedenen Ebenen. Wenn das Lernen abwechslungsreich ist, fühlen sich die Teilnehmenden wohl. Gute Trainings zeichnen sich aus durch:

- ◆ vielfältige Arbeitsformen,
- ◆ interessante Aufgabenstellungen und Methoden,
- ◆ besondere Erlebnisse,
- ◆ wechselnde Sozialformen,
- ◆ wechselndes Tempo und Dynamik,
- ◆ Aktiv- und Entspannungsphasen,
- ◆ Wechsel zwischen körperlichen und geistigen Aktivitäten und
- ◆ freies und gelenktes Arbeiten.

Es gibt keine universell gültige Reihenfolge der einzelnen Schritte in einem Training. Das wäre wahrscheinlich auch nicht zielführend und zu starr. Letztlich gehen Gedanken zur Zielsetzung, zur Auswahl von Inhalten, zur inhaltlichen Strukturierung, zur methodischen Aufbereitung und zum dramaturgischen Aufbau von Trainings nahtlos ineinander über und bedingen sich gegenseitig. Und so wird im Endeffekt jedes Training einzigartig. Wenn Sie als Entscheider das Gefühl haben, das angebotene Training kommt von der Stange, spricht das nicht gerade für das Konzept.

Roter Faden für ein Tages-Fachtraining
(Varianten sind natürlich möglich)

1. Vor dem Seminar
2. Auftakt des Seminars / Trainings – erste Momente
3. Mind Opener
4. Organisatorisches
5. Variante: Teilnehmende erschließen sich den Inhalt selbst I
6. Inhaltsaufbereitung I
7. Inhaltsbearbeitung I

Bei einer kurzen Trainingssession ginge es hier bei Punkt 13 weiter, sodass nach drei Stunden Schluss wäre. Ansonsten:

8. Aktivierungen, Spiele, Energizer, Konzentration
9. Inhaltsaufbereitung II
10. Inhaltsbearbeitung II
11. Inhaltsaufbereitung III
12. Inhaltsbearbeitung III

13. Praxistransfer
14. Zusammenfassung / Reflexion
15. Emotionaler Abschluss

Ein möglicher roter Faden in einem E-Learning-Konzept könnte wie folgt aussehen:

- **Aufmerksamkeit erzeugen.** Die Teilnehmenden sollen Lust auf das Training bekommen und neugierig werden. Mit welcher Methode bekommt ein Kurs die größte Aufmerksamkeit?
- **Lernen.** Anknüpfen an und Aktivieren von Vorwissen. Aufbereitung des Stoffes, adaptiv orientierte Lerneinheiten, sodass die Teilnehmenden optimal lernen können. Ziel ist, dass sie so selbstverantwortlich wie möglich lernen. Auch unterschiedliche Gruppenarbeiten kommen synchron oder asynchron zum Einsatz; das Wissen muss also vielfältig aufbereitet werden (aber das gilt ja immer).
- **Trainieren.** Jetzt kommen die wirklichen Aufgabenstellungen, die Teilnehmende ausprobieren können. Hier kann zum Beispiel im Video-Feedback-Tool intensiv das neue Verhalten trainiert werden – face to face mit Coach oder Trainerin.
- **Transfer.** Nun probiert die Lernende es im Alltag aus, die Trainerin und vor allem das Lernprogramm bieten dabei Unterstützung.
- **Etablieren.** Nach Abschluss des Kurses können die Fähigkeiten nun neu in den Arbeitsalltag integriert werden und somit zur Routine werden.

Mit digital gestützten Lerntools, kleinen Quiz-Einheiten, Lernvideos oder anderen interessanten Methoden und Ereignissen kann ich bereits im Vorfeld des E-Learning-Seminars bisheriges Wissen aktivieren bzw. eine erste Inhaltsbearbeitung starten – ganz Blended Learning eben.

Aber auch bei den wenigen Präsenzseminaren und Trainings, die es noch geben wird, können wir den Teilnehmenden in Form von Appetizern Vorfreude bereiten, sie einstimmen, Neugier stiften und ihr Mindset auf das Training ausrichten. Das sind oft Kleinigkeiten wie:

- eine kleine Videosequenz per E-Mail,
- ein Brief per Post,

- eine Aufgabe, die die Teilnehmenden im Vorfeld – womöglich gemeinsam – lösen sollen,
- eine spannende Aktion für eine Gruppe über einen digitalen Weg bzw. Messengerdienst,
- Themen und / oder Materialien, die auf dem Weg zum Trainingsraum installiert / inszeniert wurden und neugierig machen,
- Hinweise, Utensilien, Briefe, Symbolhaftes, ein kleiner Gruß, eine Aufgabe auf den Hotelzimmern der Teilnehmenden.

Checkliste der Rahmenbedingungen

Was ist das beste Training wert, wenn es nicht umgesetzt werden kann?

Die **Budgetierung** und die **Organisation von Trainings** sind absolut zentral. Und das gilt auch für die bereits erwähnten Dozentenschulungen. Wenn die innerbetrieblichen Trainerinnen bestmöglich ausgebildet sind, bringen sie einen viel höheren Mehrwert als eine schlecht oder mittelmäßig ausgebildete Trainerin. Die Entscheider im Unternehmen – oft die Personalabteilungen – müssen in ihre Überlegungen stets auch den Qualitätsaspekt miteinbeziehen.

Leider denken viele Personalabteilungen immer noch »nur« in Fortbildungsbudgets, wenn es um den Kauf oder das Entwickeln von Trainingskonzepten geht. Viel wichtiger ist doch der Blick auf Nutzen und Mehrwert: Top ausgebildete Führungskräfte bringen extremen Nutzen, weil sie wiederum beste Rahmenbedingungen für andere schaffen und die Kulturtransformation voranbringen.

Konkret gesprochen: Klären Sie zeitnah die Rahmenbedingungen der geplanten Weiterbildungsmaßnahmen; insbesondere Blended-Learning-Konzepte sind umfangreich. Bedenken Sie:

- Höhe des Budgets für:
  - Honorare
  - E-Learning-Tools
  - Content-Entwicklung
  - Tagungskosten
  - Handouts und andere Unterlagen, Fachliteratur etc.
  - Moderationsmaterial
  - Trainingsmaterial

- Begleitende Veranstaltungen
- Etc.
◆ Projekt- / Trainingsdauer (auch der begleitenden Maßnahmen wie Kick-offs, Zwischenstationen zum Atemholen und Abschluss-Events)
◆ Trainerauswahl: interne oder externe Trainerinnen, Follow-ups wie zum Beispiel Coaching
◆ Methodenauswahl
◆ Sprachen der Trainings (z. B. Englisch und Deutsch)
◆ Liefertermine und andere Terminfristen
◆ Andere Termine wie Ferien und Feiertage (auch die internationalen)
◆ Vorerfahrungen der Teilnehmenden (auch mit Webinaren / E-Learning)
◆ Abstimmung mit den aktuellen Zielsetzungen des Unternehmens
◆ Eventuell können auch Ergebnisse aus Mitarbeiterbefragungen miteinbezogen werden. Trainings können hier gewünschte Antworten geben.
◆ Technische Voraussetzungen:
  - Präsenztrainings: Beamer, Lautsprecher, Internet etc.
  - E-Learning: WLAN, Nutzergeräte, Plattformen
◆ Handouts, begleitende Literatur etc.
◆ Lernorte und räumliche Vorrausetzungen
◆ Abstimmung mit dem Betriebsrat
◆ Kulturelle Aspekte
◆ Zeitliche Verfügbarkeit der Zielgruppe(n)
◆ Zeitzonen
◆ Möglicher Reiseaufwand und Übernachtungen, Tagungskosten etc.
◆ Organisation:
  - Einladungen
  - Ansprache vor Ort
  - Technischer Support / Bereitschaft
  - Vor- und Nachbereitung
  - Ggf. Feedbackbögen
  - Etc.
◆ Interne Ressourcen

Checkliste für die mentale Vorbereitung

In vielen Unternehmen herrscht bei den Mitarbeitern eine gewisse **Change-Müdigkeit** vor – die »Alten« verlassen die Firma, die »Jungen« sind noch nicht eingeordet, und dennoch soll es immer weiter gehen: Zukunft, Disruption, VUCA, Revolution … Nichts bleibt, wie es ist, zumindest fühlt es sich so an. Kaum eine kann weiter denken als in die nächsten ein, zwei Jahre, das einzig Beständige ist die Unsicherheit. Keine guten Voraussetzungen für Lust auf Trainings.

Bei vielen Projekten, die Sie als Entscheider in Bewegung setzen wollen, wird es also **Widerstände** geben. Das gilt auch für die Einführung von E-Learning oder Blended Learning. Die eine Abteilung hat damit schon Erfahrungen gesammelt, die andere nicht. Diese Puzzlestücke ergeben noch lange kein Ganzes. »Schon wieder ändert sich alles«, »Was ist denen da oben denn schon wieder Neues eingefallen?« – so oder ähnlich begeistert wird die Belegschaft oft reagieren.

Und auch die internen Trainerinnen oder die Personalabteilung könnten (berechtigte) Einwände haben. Einwände sind oft ein wertvoller Hinweis darauf, dass etwas noch nicht beachtet wurde oder unklar ist. Hier kann eine gute Prophylaxe helfen.

1. Machen Sie generell Lust aufs Lernen. Seien Sie selbst das beste Beispiel. Lernen Sie kontinuierlich weiter. Springen Sie über Ihren Schatten. Machen Sie sich schlau und gehen voran. Leben Sie freudvolles und modernes Lernen vor.

2. Ermutigen Sie zur Selbstverantwortung, aber geben Sie dem, was daraus resultiert, auch Raum. Nur weniges ist so frustrierend wie Ideen und Konzepte, die von motivierten Mitarbeitenden entwickelt wurden, nur um anschließend in der Schublade zu landen und nie wieder angeschaut zu werden.

3. Sprechen Sie von Blended Learning, nicht von E-Learning, denn Letzteres schließt Präsenztrainings aus. Definieren Sie genau, was Sie mit Blended Learning meinen – oft verstehen die Menschen darunter recht Unterschiedliches.

4. Sorgen Sie dafür, dass die Mitarbeitenden Unterstützung bekommen, um sich ins E-Learning einzufinden. Es gibt immer noch Menschen, die es nicht gewohnt sind, mit Computer, Laptop, Tablet oder Smartphone umzugehen. Niemand sollte deswegen sein Gesicht verlieren. Schaffen Sie allen einen leichten Zugang zu

Lernformaten und Informationsquellen. Wenn Mitarbeitende den Bogen raus haben, ist alles einfacher.

5. Gewinnen Sie alle Trainer, also die aus dem Unternehmenspool und die externen, für Ihre Blended-Learning-Konzepte. Viele Trainer haben Angst, durch E-Learning wegdigitalisiert zu werden. Das liegt oft daran, dass sie über keine oder nur wenig Erfahrung mit der jeweiligen Technik verfügen. Kein Wunder, es gibt schließlich Hunderte unterschiedliche Programme. Lassen Sie diese Trainer kleine Dinge tun, nehmen Sie sie mit! Helfen Sie ihnen, ein neues Rollenverständnis zu erlangen. Präsenztrainerinnen und E-Learning-Spezialistinnen gehören in eine Projektgruppe, die die Blended-Learning-Konzepte gemeinsam entwickelt.

6. Bilden Sie interne Trainer weiter, sodass diese in der Lage sind, Präsenztrainings, E-Learning-Module und Face-to-Face-Coaching (auch mit Video-Feedback) kompetent und souverän zu nutzen. Eine Trainerausbildung mehr schadet nie!

7. Schaffen Sie Prototypen, die alle – oder zumindest die Häuptlinge und Stakeholder im Unternehmen – begeistern und damit auch überzeugen.

Wie machen wir das?
Vom Ziel zum Inhalt

»Gedacht heißt nicht immer gesagt,
gesagt heißt nicht immer richtig gehört,
gehört heißt nicht immer richtig verstanden,
verstanden heißt nicht immer einverstanden,
einverstanden heißt nicht immer angewendet,
angewendet heißt noch lange nicht beibehalten.«[77]
KONRAD LORENZ

»Helfen Sie uns auch bei der Inhaltsbearbeitung?« Das höre ich immer wieder von Kunden, die sich schwer damit tun, die Inhalte so zu reduzieren, dass sie in Mikrotrainings und andere flotte Trainingsformate passen.

Das ist tatsächlich nicht so einfach. Folgende Fragen helfen Ihnen, einen ersten Überblick zu bekommen:

◆ Was sollen die Menschen, die an dem Training teilnehmen, hinterher besser können ⇨ Ziele des Trainings?
◆ Welche Themen, Inhalte, Anliegen müssen bearbeitet, besprochen werden, um die Ziele umzusetzen?
◆ Welche Inhalte können im Vorfeld durch E-Learning-Module aufbereitet werden?
◆ Wie lassen sich daraus Blocks, Module oder Kursteile ableiten?
◆ Welche Inhalte sind absolut wesentlich? Welche sind es nicht?

Doch zunächst gilt es, eine zentrale Frage zu beantworten: Wer ist für den Inhalt zuständig? Wer liefert das zu vermittelnde Wissen? Wer weiß, was gebraucht wird? Und wer wählt es aus? Das übernimmt im Fall von Präsenztrainings normalerweise der Trainer. Bei E-Learning-Kursen kommen Content-Entwickler zum Einsatz; das sind eigens ausgebildete Trainer, die den Inhalt für die Module und Kurse aufbereiten.

Für Sie als Entscheider stellt sich natürlich die Frage nach dem **inhaltlichen Mandat der Trainerin**: Hat sie das Wissen wirklich »drauf«? Reicht ihre Fachexpertise? Ist sie ein Modell, ein Vorbild für diesen neuen Inhalt? Die Persönlichkeit sollte unbedingt glaubwürdig sein. Ist sie in der Lage, das Wissen passend und angemessen aufzubereiten? Hier hilft es, sich genauestens mit der Inhaltsauswahl und -menge im Curriculum des jeweiligen Trainings auseinanderzusetzen.

Die Kurs- oder Trainingsverantwortliche sollte darüber hinaus bei Fachtrainings sehr inhaltssicher sein, sie sollte mindestens 90 Prozent der Fragen beantworten können. Sie sollte den Inhalt, der wirklich neu ist, für die Teilnehmenden hochwertig aufbereiten können. Auch hier gilt: Je homogener die Gruppe der Teilnehmenden, desto klarer kann das neue Wissen kommuniziert werden. Die Teilnehmenden haben ein Recht auf neues Wissen – alles andere ist Ressourcenverschwendung.

Sicher, fast all unser Wissen ist im Internet frei verfügbar. Doch müssen diese vielfältigen Informationen bewertet und aufbereitet werden. Fragen Sie einmal einen Trainer, welche Inhalte er in ein Aufbautraining zum Thema Kommunikation einpflegen würde. Wahrscheinlich hören Sie dazu von fünf verschiedenen Trainerinnen fünf verschiedene, gut begründete Vorschläge.

Die Bestimmung der Inhalte ist für mich eine der wichtigsten Stellschrauben bei der Erstellung, Planung und Vorbereitung von Trainings. Achten Sie also bei der Auswahl und Gestaltung von Trainings auf die Qualität des Wissenseinbringers. Fragen Sie sich, wer über dieses Wissen verfügt: der Trainer – extern oder intern –, das Unternehmen, beide oder eine Fachexpertin?

Manchmal ist es am Ende ein **kompetentes Dreiergestirn**, das an einem Konzept schnitzt: das Unternehmen mit seinen Verantwortlichen, die Trainerin und die Expertin. Daraus sollte eine Synergie entstehen, die einen neuen Wissensraum ermöglicht.

Die Methoden

Sie wissen bereits: Es gibt Hunderte von Methoden, zig Bücher und Kartenboxen sind voll damit. Lange Zeit habe ich gedacht, dass meine analogen – und insbesondere die sehr kreativen und ungewöhnlichen – Methoden nur in Präsenztrainings funktionieren. Doch mehr und mehr weite ich die Anwendung und das Experimentieren mit diesen Methoden aus. Wer meint, analoge kreative Methoden und Formate seien nur eingeschränkt digital abbildbar oder zu adaptieren, der beschränkt sich selbst.

Wenn Methoden allzu kreativ sind, mag der eine oder andere befürchten, sie seien nicht mehr seriös. In der Vergangenheit wurden oft »Spiele« und Aktivitäten angeboten, die bei den Teilnehmenden nicht gut ankamen. Sie waren entweder albern, thematisch nicht eingebunden oder wurden nicht als sinnvoll erlebt. Aber mir geht es hier um andere kreative Methoden. Die berechtigte Frage »Ist das seriös?« kann dann mit »Ja« beantwortet werden, wenn die Methode:

◆ den Lernzielen dient,
◆ die Neugier, das Reflektieren und die Entdeckerlust der Teilnehmenden befriedigt,
◆ die Erkenntnis steigert und weiteres Erkennen möglich macht,
◆ neurodidaktisch zu begründen ist. Dazu gehört gerade das Ungewöhnliche, Überraschende, Emotionale und Multisensorische.

Genauso verhält es sich mit dem Wagnis, die immense Kreativität der analogen Methoden auf das E-Learning auszuweiten. Man muss es einfach tun – Grenzen gibt es nur in unseren Köpfen!

Was fällt in die Kategorie **»Standardmethoden«**?

◆ Gruppenarbeiten, deren Ergebnisse in Form beschriebener Moderationskarten an die Pinnwand geheftet werden
◆ Teamaufgaben mit Materialien, die den Teamprozess fördern sollen. Dazu gehören Methoden mit teuren Tools, die extra gekauft werden.
◆ Rollenspiele, die je nach Anleitungsqualität sinnvoll oder sinnlos sind
◆ Von Seiten des Trainers: Folien, Tafelbilder und Handouts, in denen die Inhalte aufbereitet sind.

Etwas Neues muss her

Die zentrale Frage bei der Methodenauswahl lautet: Welche Methode trägt den Inhalt oder die Zielsetzung am besten? Die Methoden, die ich Ihnen hier vorstelle, sind hervorragend dazu geeignet, andere, intensive Lernsituationen zu schaffen. Einige davon werden Sie nicht unbedingt in jedem Methodenbuch finden. Einige sind meine »Evergreens« – ich habe sie jahrzehntelang erfolgreich in (Fach-)Trainings erprobt. Für alles andere verweise ich auf die entsprechende Literatur, die reichlich vorhanden ist. Bei jeder Methode ist angegeben, ob sie analog (a) und/oder digital (d) zum Einsatz kommen kann.

▶ Das Lagerfeuer (a/d)

Die Teilnehmenden sitzen kreisförmig auf dem Boden um einen Stapel trockener Holzscheite. Das ist ein gutes Setting für wertvolle Gespräche, eignet sich aber ebenso für Schweigerunden. Lieder singen, eine Geschichte erzählen oder sich vorlesen lassen – all das ist möglich. Eine Alternative: der gezeichnete oder mit einem Beamer an die Wand projizierte Kamin. Das Lagerfeuer funktioniert auch digital gestützt: Während des Webinars läuft ein Film mit einem Kaminfeuer und das Knistern ist zu hören. Zudem kann sich jede Teilnehmerin eine Kaminfeuer-App herunterladen und immer, wenn es passt, laufen lassen.

Das Lagerfeuer

▶ Finthe dähn Fählär (a/d)

Fehler passieren und Menschen lieben es, sie zu entdecken, vor allem wenn der Trainer so tut, als wüsste er nichts davon. Es motiviert die Menschen, diese Fehler zu finden. Fehler lassen sich überall einbauen: in Filme, Texte, Hörspiele und Podcasts, Zeichnungen, Trickfilme, PowerPoint-Präsentationen, Diagramme, Zeichnungen, Vorträge und Präsentationen. Manchmal bekommen die Teilnehmenden, die die Fehler gefunden haben, eine Belohnung.

▶ Liebes Tagebuch (a/d)

Diese Methode ist ein Klassiker, braucht aber etwas Übung. Sie ist ein idealer Mind Opener – passt also sehr gut an den Anfang einer Sequenz. Diese Methode funktioniert sehr subtil. Der Tagebucheintrag der Trainerin wird laut vorgelesen – darin lassen sich wunderbar wertvolle Informationen integrieren und auch Einwände vorwegnehmen. Die Trainerin schreibt zunächst drei bis vier Minuten in ein auffälliges Buch. Das ist jedoch eher eine Art Krickeln, sonst könnte sie nicht gleichzeitig sprechen. Anschließend können die Teilnehmenden auch einen Beitrag schreiben, der nicht vorgelesen wird. Diese Methode hat eine desuggerierende Wirkung; sie dient darüber hinaus auch dem Ankommen und Konzentrieren. Haupteffekt: Da hier quasi »um die Ecke herum« gesprochen wird, können sehr emotionale, menschliche Dinge gesagt werden. Das ist wie eine Einladung an die Teilnehmenden, sich auch zu öffnen.

Ein Beispiel: »Nun sitze ich hier und wahrscheinlich erwarten die Menschen, die übrigens sehr freundlich gucken, eine lange Vorstellungsrunde. Die mache ich nicht, dafür machen wir gleich das Museum, das finde ich viel spannender. Ach, und ich habe den Eindruck, einige sind geschickt worden. Oh je, das kenne ich von mir selbst auch. Da will man gar nicht so recht hier sein. Die Armen. Und wahrscheinlich drückt es auf der Arbeit und sie denken, das, was hier passiert, kennen sie schon. Auf jeden Fall haben sie mein tiefes Mitgefühl. Aber vielleicht finden wir ja auch gemeinsam etwas, was ihnen doch Freude macht und sinnvoll ist. Also, ich merke, dass ich sehr froh bin, jetzt hier zu sein. Ich liebe dieses Thema – und bestimmt gibt es auch etwas Gutes zum Mittagessen. Jetzt höre ich aber mal auf zu schreiben, wir wollen ja weitermachen … Bis später, Barbara …«

Hier steckt Potenzial drin. Das »liebe Tagebuch« kann ich auch digital im Webinar einsetzen oder als Podcast oder Film vorher versenden.

▶ Das Museum (a/d)

Diese Methode holt das Museum im Kleinen in den Seminar- oder Meetingraum. Der Trainer wählt Ausstellungsstücke aus, die zum Thema passen und zunächst unter Stoffen verborgen präsentiert werden. Sie beleuchten das Thema aus verschiedenen Blickwinkeln und können auch metaphorisch sein. Während eines gemeinsamen Rundgangs – oder eben einer Vernissage im Museum – werden die einzelnen Exponate aufgedeckt und vorgestellt. Die Wirkung der Methode hängt wesentlich von der Auswahl der Exponate und der Art der Präsentation ab. Man muss an das »Museum« glauben und es lieben, dann wird es schnell zum grandiosen Höhepunkt eines Seminars oder einer Tagung. Aus meiner Erfahrung kann ich sagen, dass es kein Thema gibt, das nicht mit diesem hochwirksamen Eye und Mind Opener aufbereitet werden kann. Es reichen zehn bis zwölf Exponate.

Nach dem ersten Museumsrundgang kann noch ein zweiter gemacht werden, bei dem die Teilnehmenden in Kleingruppen eigene Exponate erstellen (z. B. aus dem Materialfundus der Trainerin) und diese dann ebenfalls vorstellen. So sind sie unmittelbar im Thema, aktivieren ihr Vorwissen und tauschen sich aus. Deshalb eignet sich das Museum gut für den Anfang, es passt aber auch exzellent an das Ende einer Tagung oder Konferenz.

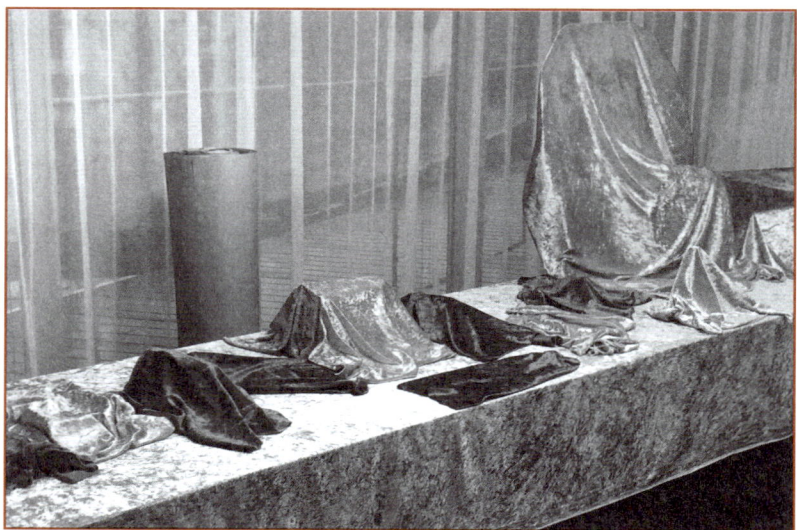

Das Museum: Die Exponate sind noch verborgen.

Das Museum kann gefilmt werden, um es ins E-Learning einzubinden; oder die Exponate werden einzeln im Webinar gezeigt.

▶ Die Wäscheleine (a/d)

Sie ist eine der stärksten Alternativen zu PowerPoint. Die Methode orientiert sich grundlegend an dem wohlbekannten haushaltsüblichen Gegenstand. Statt Wäschestücken werden bei Präsentationen vorbereitete Blätter mit dem Inhalt des Seminars und weiteren Symbolen bzw. Gegenständen an der Leine befestigt. Diese dienen als Merkhilfe – wortwörtlich oder metaphorisch; sie sind Eselsbrücken.

Bei PowerPoint, Prezi und anderen Präsentationsverfahren werden die Charts nacheinander eingeblendet, besprochen und dann vom folgenden Chart abgelöst, sie verschwinden also nach kurzer Zeit. Bei der »Wäscheleine« bleiben die Inhalte länger sichtbar. Am Ende der Präsentation kann die Leine im Raum aufgehängt werden und bleibt so ggf. während der gesamten Veranstaltung sichtbar.

Die Papiere können DIN A4 oder DIN A3 groß sein, mehr- oder auch einfarbig gestaltet werden, mit oder ohne Firmenlogo, die Texte handschriftlich oder ausgedruckt. Die Wäscheleine kann im Seminarraum von Wand zu Wand gespannt oder von zwei Teilnehmenden gehalten werden. Letzteres schafft zusätzliche Interaktivität.

Die Wäscheleine

Alternativ können die Informationen auf einen größeren Tisch oder auf den Boden in die Stuhlkreismitte gelegt werden. Dafür bieten sich Pappen an, auf denen die Infos stehen. Bei beiden Alternativen ist es sinnvoll, auch mit symbolhaften Gegenständen zu arbeiten. Diese Gegenstände unterstützen die verbale Aussage. Hier ein paar einfache Beispiele:

◆ Angst – Hai
◆ Reflexion – besondere Brille oder ein Spiegel
◆ Konflikt – kleine Plastikbombe oder Pistole
◆ Zukunft – Kaffeesatz
◆ Authentizität – Geldschein

Im Webinar oder »Erklärfilm« für E-Learning-Kurse können die Pappen dann einzeln hochgehalten werden, während der Trainer die jeweiligen Texte erläutert.

▶ Die TV-Show (a/d)

Diese Methode orientiert sich, wie der Name schon sagt, an realen, sehr populären Fernsehsendungen. Dementsprechend gibt es eine riesige Vielfalt an Anwendungsmöglichkeiten: Nachrichtensendungen, Quizsendungen, Kochshows, investigative Formate, Verkaufssendungen, Aktenzeichen XY … ungelöst (z.B. »Die Unternehmenskultur ist verschwunden, woran erkennt man sie?«), Herzblatt (die Suche nach dem besten Mitarbeiter oder nach einer taffen Vorstandsfrau), Wahrsagesendungen etc. Eine eher »verrückte«, aber nicht minder wirksame Variante ist die Castingshow, die sich gerade am Ende von Soft-Skill-Trainings anbietet. Die Teilnehmenden präsentieren sich als »Kommunikations-Stars« – Übertreibung oder Parodie inbegriffen. Bei dieser Variante geht der Trainer selbst mit gutem Beispiel voran oder er moderiert die Sendung.

Ich habe mit diesem Format wirklich immer einen Motivationsschub bei den Teilnehmenden bewirkt. Fernsehen funktioniert einfach international nach ähnlichen Grundsätzen. Die TV-Show bietet sich an zur:

◆ Wissenswiederholung oder Wissensaktivierung
◆ Inhaltsaufbereitung
◆ Inhaltsbearbeitung

Die Nachrichtensendung

◆ Motivation
◆ Information
◆ Zusammenfassung
◆ Präsentation der Ergebnisse von Gruppenarbeiten (das ist um einiges interessanter als mit Flipchart oder Pinnwand)

Für die Präsentation von Gruppenarbeiten gilt: Die Trainerin sollte zuvor unbedingt eine Folge des gewählten Formats zeigen, sodass sich die Teilnehmenden ermutigt und inspiriert fühlen, selbst eine Sendung zu gestalten. Damit wird quasi das Kreativitätslevel festgelegt.
Die TV-Show hat viele Vorteile:

◆ Sie eignet sich hervorragend zur Inhaltspräsentation.
◆ Erarbeiten die Teilnehmenden eine eigene Sendung, bearbeiten sie auf diese Weise den relevanten Inhalt.
◆ Sie gibt den Teilnehmenden Raum, sich einzubringen, ihre Spielfreude auszuschöpfen und sich spielerisch bzw. humorvoll mit dem Thema zu beschäftigen.
◆ In internationalen Teams funktionieren die bekannten TV-Formate besonders gut, da sie die Menschen aus verschiedenen Kulturen verbinden.

- Die Teilnehmenden werden auf allen Sinneskanälen angespro-chen – diese Multisensorik hilft ihnen, sich die Inhalte besser zu merken!
- Sie lässt sich – neben diversen Einsatzmöglichkeiten in Webinaren und E-Learning-Kursen – sowohl in Seminaren und Trainings als auch für Besprechungen, Meetings, Teamevents, Konferenzen, Tagungen etc. nutzen.

▶ Der Vortrag als Persiflage (a/d)

Standardvorträge und Präsentationen kennt jeder. Bei dieser Methode werden diese Erwartungen unterlaufen. Der Vortrag wird ins Parodis-tische gedreht, er ist zum Beispiel extrem langweilig – aber so, dass die Teilnehmenden schon wieder darüber lachen müssen. Dabei steht der Inhalt stark im Fokus. Oft arbeite ich auch mit Spielfiguren, die ich ex-tra für dieses Thema entwickelt habe. Sie können noch übertriebener agieren. Oder das Thema wird ins Gegenteil verkehrt und damit umso deutlicher. Diese Methode funktioniert digital, bei Vorträgen und in Präsenztrainings hervorragend.

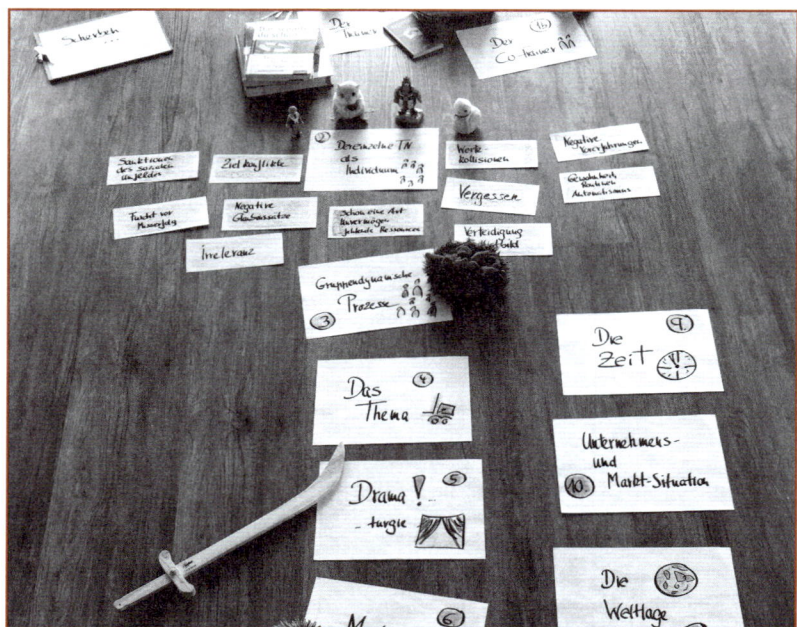

Die Bodenpräsentation

▶ Die Bodenpräsentation (a)

Diese Methode ist eine starke Alternative oder Ergänzung zu den üblichen PowerPoint-Vorträgen: Vorbereitete Karten oder Papierbögen mit wertvollen Kerninformationen werden nach und nach auf dem Boden ausgelegt; zugleich kann man neben jede dieser Informationskarten metaphernreiche oder symbolhafte Gegenstände legen, die die Botschaft der Aussage noch einmal unterstreichen und einen haptischen Anker setzen. Das stellt sicher, dass die Inhalte von den Teilnehmenden später besser erinnert werden. Die Bodenpräsentation kann linear oder ähnlich wie ein Mindmap strukturiert sein.

▶ Die Lust der Pinnwand (a/d)

Der Name dieser Methode steht für die Freude, die während des Arbeitens mit der Pinnwand entsteht. Es ist ein sehr unkonventioneller und kreativer Ansatz, der den Teilnehmenden durch das Spielen mit den vielen Varianten viel Spaß macht. Ausgewähltes Material zum Thema wird in Form von Papieren mit Kernaussagen und anderem Material an einer Pinnwand befestigt. Es können sechs bis zehn Inhaltsaspekte

Die Pinnwand

sein. Je kreativer und ungewöhnlicher die Gegenstände und Symbole sind – und je origineller die Befestigung –, desto besser prägen sie sich ein. Diese Methode funktioniert auch digital, entweder mit der Whiteboard-Funktion oder mit der Integration eines Films, in dem die Trainerin die entsprechende Pinnwand erklärt.

▶ Die Rede (a/d)

Reden werden zig Mal am Tag zu den verschiedensten Anlässen gehalten. Ich spreche hier von einer eher persönlichen, merk-würdigen, berührenden, vielleicht humorvollen, vielleicht persiflierenden Rede, die zur Trainerpersönlichkeit passen muss. Sie darf gern mit Requisiten, in einer Verkleidung und mit verschiedenen Materialien gehalten werden. Sie sollte kurz, prägnant, aber (be)merkenswert sein.

Beispiel: Es gibt eine Spielfigur, eine Rolle, in die ich gelegentlich schlüpfe – Dr. Messer. In einem weißen Kittel, den ich schnell über die andere Kleidung werfe, komme ich auf die Teilnehmenden in der ersten Reihe zu und begrüße sie. Dabei gebe ich jeder und jedem die Hand, bedanke mich, dass sie in meine Praxis gekommen sind, und benenne das »Problem«: »Sie setzen sich mit dem Thema XY auseinander und möchten das verbessern.«

Ich stelle mich in die Mitte des Stuhlkreises und beginne dann, den relevanten Inhalt in Form von »Rezepten« an die »Patienten« weiterzugeben. Dazu ziehe ich vorbereitete Bögen im DIN-A4-Format mit ein, zwei Stichworten aus der Kitteltasche, lese sie vor und erläutere das »Rezept«. Anschließend gebe ich das »Rezept« einer der Teilnehmenden, was meist für einen Lacher sorgt. Und so geht es dann weiter.

Die Rede hebt sich deutlich von anderen Präsentationsformaten an einem Trainingstag ab. Sie ist ungewöhnlich, markant und auffällig. Sie schafft eine hohe Aufmerksamkeit und gibt dadurch dem Inhalt einen deutlichen Rahmen. Auf diese Weise lassen sich spezielle Inhaltsaspekte pointiert darstellen. Das funktioniert auch digital sehr gut, da ich vor der Kamera in verschiedene Figuren schlüpfen kann, die einen besonderen Aspekt des Themas beleuchten. Dank Smartphone ist da ja unglaublich viel möglich.

▶ Die Worst-Case-Szene / das schlechte Beispiel (a/d)

In einer Worst-Case-Szene wird die schlechteste Version eines Themas oder einer Situation gezeigt. Dies kann durch den Trainer geschehen, durch Schauspieler oder auch durch engagierte Teilnehmer. Diese negative Darstellung aktiviert sofort die Ratio bei den Teilnehmenden. Sie schauen zu und wissen ganz genau, wie es besser gehen könnte. Auf diese Weise setzen sich die Teilnehmenden von Anfang an sehr viel persönlicher und tiefer mit dem Thema auseinander.

Für diese Methode gibt es diverse Varianten:

1. Die Trainerin zeigt gleich zu Anfang – auch im Sinne eines Mind Openers – eine absolut schlechte Version des Themas (Worst-Case-Szene). Digital hat sie hierfür einen entsprechenden – selbst gedrehten – Film dabei.

2. Gruppenarbeit. Bei dieser Version arbeiten die Teilnehmenden zu zweit oder zu dritt zusammen und entwerfen in wenigen Minuten eine kleine Sequenz, in der sie das Thema »so schlecht wie möglich« aufbereiten und anschließend der Gruppe in einer Szene vorstellen. Hier findet auf eine humorvolle und kreative Weise eine tiefere Auseinandersetzung mit dem Thema des Seminars statt: Im Arbeitsprozess erinnern alle Teilnehmenden viele positive und negative Situationen, die sie in ihrem beruflichen Alltag erlebt haben. Meist gebe ich für diese Sequenzen einen anderen beruflichen Kontext vor – die Teilnehmenden agieren dann meist viel freier, als wenn sie sich gedanklich in ihrem gewohnten beruflichen Umfeld bewegen. Sie sind dann auch weniger durch die vielen »Ja, abers« beeinflusst. Meine Lieblingskontexte sind: »Beim Friseur«, »Im Flugzeug«, »Im Hotel«. In diesen Bereichen spielt der Servicegedanke eine wichtige Rolle, daher lässt sich beispielsweise das Thema »Feedback« daran besonders gut demonstrieren.

Nachdem die Arbeitsgruppen ihre Beispiele erarbeitet haben, führen sie sie den anderen vor. Wichtig: Es gibt keine Kommentare und kein Feedback zu diesen Sequenzen. Dann folgt Runde zwei. Die Arbeitsgruppen wechseln die Szenen, sie tauschen also untereinander und verbessern nun die Sequenzen der anderen. An den Szenen kann jetzt intensiver gearbeitet werden, die Teilnehmenden oder auch der Trainer selbst können Verbesserungsvorschläge einbringen. Diese Methode hat viele Vorteile: Sie aktiviert die Teilnehmenden innerhalb weniger Minuten, bringt wertvolle Ergebnisse und hat zudem rein gar nichts mit einem üblichen Rollenspiel zu tun.

▶ Das Best-Practice-Beispiel (a/d)

An Fallbeispielen der Teilnehmenden, die der Trainer erfragt, zeigt sich seine wahre Fachkompetenz. Her kann er demonstrieren, wie zum Beispiel eine gelingende Kommunikation gelebt werden kann (sofern das Thema im Seminar gerade dran ist). Dazu wählt er aktuelle Beispiele aus dem Kontext der Teilnehmenden aus, also »Kunde X« oder »Mitarbeiterin Y«.

Das wirkt wesentlich stimmiger und überzeugender, als wenn er selbst Beispiele mitbringt. Der Trainer zeigt an den Beispielen der Teilnehmenden, »wie es geht«. Diese Methode passt extrem gut bei Soft-Skill-Themen. Sie ist dann besonders interaktiv, wenn die Teilnehmenden Verbesserungsvorschläge machen können. Auf diese Weise erkennen sie, dass es möglich ist, das gerade erworbene Wissen tatsächlich auf Alltagssituationen anzuwenden. Digital wird das gewünschte Verhalten dann live vor der Kamera gezeigt. Als Sparringspartner bieten sich in diesem Fall Co-Trainerinnen an, die mit hinter dem Bildschirm sitzen. Auch Puppen eignen sich gut dafür.

▶ Der Werbespot (a/d)

Die Teilnehmenden erarbeiten in Kleingruppen kurze Werbespots – damit demonstrieren sie anschaulich, wie sie das erlernte Verhalten an den Mann oder die Frau bringen. Das geht fix, zum Beispiel in fünf bis zehn Minuten Vorbereitungszeit und 90 Sekunden Präsentationszeit, zuzüglich individueller Reflexionszeit. Digital kommen die Teilnehmenden in kleinen Breakout-Sessions zusammen, sie bereiten den Spot vor und eine Teilnehmerin zeigt ihn dann. Oder er wird via Hausaufgabe für das nächste Mal vorbereitet.

▶ Die Radiosendung (a/d)

Die Teilnehmenden agieren als Radioreporter und besuchen ihren Arbeitsplatz – dort führen sie Interviews mit Kolleginnen und Kollegen. Es könnte darin zum Beispiel darum gehen, welche Ideen und Lösungsansätze die Kollegen im Bereich interne Kommunikation, Feedbackgeben oder -nehmen haben. Zeit: individuell. Selbstverständlich kann auch dies mit diversen Varianten digital gemacht werde, Zoom-Calls oder kleine Sprachnachrichten sind schnell erstellt.

▶ Das Schaubild (a/d)

Der Inhalt des Seminars kann in Form eines Lernplakates oder Schaubildes aufbereitet werden und steht an einer Pinnwand zur Verfügung. Auf den Schaubildern können auch Aussagen und Botschaften stehen, die nicht mehr explizit genannt werden müssen. Auf diese Weise können sie auch als periphere Stimuli wirken. Sie wirken einfach dadurch, dass sie im Raum sind. Ein digital gestütztes Schaubild ist dann fast schon eine Art PowerPoint-Folie oder ein Bild, bei dem mit der Zeichnen-Funktion sogar Ergänzungen während der Präsentation gemacht werden können.

▶ Die Fürsprecherrunde (a)

Diese Methode hat schon fast Coaching-Charakter. Die Teilnehmenden gehen zu zweit zusammen, tauschen sich tiefer darüber aus, wie sie ein Thema, ein Verhalten o. Ä. zukünftig noch besser umsetzen können, und sprechen eventuell auch über ihre Sorgen, Bedenken, Einwände und Schwächen. Sie erzählen sich, wie sie zukünftig mutiger und ehrlicher mit dem Thema umgehen wollen. Nach der geschützten Austauschrunde geht es in eine Art offenen Zirkel, dazu sitzen alle im Kreis. Nun stellt sich einer der beiden hinter den anderen Teilnehmer und spricht für ihn. Dann wechseln sie die Position. Das ist eine wunderbare Methode zur Ermutigung und Fürsprache. Je nachdem, wie ehrlich und wertschätzend diese Methode angeleitet wird, kann dies einen sehr verbindlichen und fast schon magischen Charakter haben.

▶ Die Bildkartenrunde (a/d)

Bildkarten werden auf dem Boden ausgelegt und jeder und jede nimmt sich eine Karte, die zu dem passt, was er oder sie als wichtigste Erkenntnis aus dem Tag mitnimmt. Anschließend gibt es dazu eine kurze Runde im Kreis. Digital kann das gelöst werden, indem eine Auswahl von Bildern zur Ansicht gezeigt wird und die Teilnehmenden dann reihum eine Karte benennen und dazu etwas sagen.

▶ Der Song (a/d)

Ein Lied kann sowohl am Anfang als auch am Ende stehen. Besonders schön sind diese Abschlusslieder, wenn sie sich wirklich auf diesen speziellen Tag beziehen, auf besondere Momente und Erkenntnisse verweisen und diese verankern. Es ist immer sehr berührend, wenn der Trainer oder die Trainerin eine Strophe für alle singt, dann fallen alle Teilnehmenden ein. Ein besonderer Moment, analog wie digital. In letzterem Fall sollte sich der Trainer beim Singen filmen, um es den Teilnehmenden anschließend zu zeigen. Das erfordert manchmal mehr Mut als im Präsenzseminar.

▶ Die Bild-Zeitung-Schlagzeile (a/d)

Die Bild-Zeitung ist berühmt für ihre aufsehenerregenden Schlagzeilen. Diesen allseits bekannten Effekt nutzt diese Methode. In Kleingruppen wird eine Zeitungsschlagzeile zur jeweiligen Seminareinheit entwickelt. Die Teilnehmenden können die Schlagzeile entweder auf einem eigens dafür vorbereiteten Blatt notieren oder sie frei formulieren bzw. frei gestalten. Wenn der Trainer sich an diesem kreativen Akt beteiligt, wird das die anderen zusätzlich motivieren. Anschließend kommen alle zusammen, hängen ihre Schlagzeilen an eine Pinnwand o. Ä. und studieren gemeinsam das Ergebnis. Digital können diese Schlagzeilen selbstverständlich in kleinen Breakout-Sessions erstellt und dann vorgestellt werden.

Befruchtungsmomente

Es braucht immer wieder diese ganz besonderen Momente, die berühren, Augen und Herzen öffnen und bewegen – ich spreche hier gerne von Befruchtungsmomenten. Wenn es Trainerinnen gelingt, solche besonderen Momente zu schaffen, ist das mehr als die halbe Miete. Die Menschen werden in diesem Augenblick tief erschüttert, es findet ein »emotionaler Aufruhr« statt.

Manches Mal entsteht eine Art dreidimensionales Bild, das zum Reflektieren und Innehalten einlädt. Nach meinem Verständnis sind das **Inszenierungen**, und in meinen Trainings, Tagungskonzepten und Ausbildungen nenne ich sie auch so.

Die Inszenierung ist eine Methode für Profitrainerinnen. Die Aufmerksamkeit der Teilnehmenden wird auf eine besondere Art und Weise gewonnen, indem die Trainerin den jeweiligen Kontext bzw. das Umfeld miteinbezieht und eine eigens geschaffene Sequenz szenisch umsetzt. Das kann auch in Form eines Videos stattfinden. Es geht bei der Inszenierung darum, einen besonderen Fokus auf ein Thema zu setzen, weitere Perspektiven zu zeigen und intensive Emotionen zu wecken. Am besten wird nach einer solchen Sequenz nicht darüber gesprochen, denn das würde diesen besonderen Moment nur zerreden. Nachfolgend einige Beispiele:

▶ Zum Thema Scheitern

Man stelle sich eine Pause beim Wandern vor. Ich sitze auf dem Boden, habe eine Wanderbluse übergeworfen, Rucksack und Wanderkarte liegen neben mir und ich halte mein Buch »Mein Weg über die Alpen« in der Hand. Daraus lese ich eine bestimmte Stelle, in der ich mein Scheitern während der Tour beschreibe, als ich eines Morgens ins Tal zurück ging.

▶ Zum Thema Selbstreflexion

Ein Wissenschaftler (ein weißer Kittel deutet das an) steht am Fenster, schaut hinaus und beginnt einen Monolog. Er zieht ein bitteres Fazit eines Experimentes, das er an Tieren vorgenommen hat. Er wirft mit Zetteln um sich, stampft mit dem Fuß auf und wird laut. Er hadert mit sich, weil er die Forschungsergebnisse vielleicht auch ohne die schmerzhaften Versuche an Tieren hätte erreichen können. Aber er habe ja nur Dienst nach Vorschrift gemacht.

▶ Zum Thema Führung

Diese Inszenierung eignet sich gut als Auftakt eines Führungskräftetrainings mit dem Schwerpunkt Generationen. Eine Führungskraft sitzt – mit indirektem Blickkontakt zu den Teilnehmenden – an einem Tisch, vor ihr ein Stapel mit Bewerbungsunterlagen. Sie nimmt eine nach der anderen kurz in die Hand, blättert darin, legt sie weg, nimmt eine andere und murmelt vor sich hin: »Hätte ich sie doch nicht gehen lassen … Ich Trottel, warum habe ich ihren Wunsch nicht respektiert? Warum nur habe ich nicht gemerkt, wie sehr ich sie verletzt habe?«

Nun erfahren die Teilnehmenden von der Trainerin in der Rolle der Führungskraft nach und nach die Geschichte hinter dieser Szene: Die Führungskraft – in diesem Beispiel ein Mann – hatte eine sehr kluge, höchst kompetente und agile junge Mitarbeiterin in ihrem Team, die komplexe Projekte erfolgreich geführt hat. Doch sein väterliches Gefühl ihr gegenüber verleitete ihn immer wieder dazu, sie auf ihren in seinen Augen zu hohen Konsum von Energy-Drinks hinzuweisen. Das ärgerte die Mitarbeiterin und sie sprach es ihm gegenüber öfters an.

Doch er hörte nicht auf, sie zu tadeln. Eines Tages zog die junge Mitarbeiterin die Konsequenzen und verließ das Unternehmen.

▶ Zum Thema Zukunft des Handels

Diese Variante erlebte ihre Uraufführung vor Kurzem live bei einem Kunden. Zwei Tage lang ging es darum, wie sich der Handel auf die Zukunft vorbereiten kann, welche Kundenerwartungen es gibt und wie Geschäfte eine so besondere Stimmung schaffen können, dass Kundinnen gerne wieder direkt im stationären Einzelhandel kaufen, statt online zu bestellen. Die zentrale Frage war die nach den neuen Anforderungen an die Führungskräfte. Wir inszenierten im Trainerinnenteam das Konzept eines Geschäfts, das wir seit geraumer Zeit beobachten und in dem wir selbst gerne kaufen. Es handelt sich dabei um einen Outdoorladen, der tolle Aktionen veranstaltet, um Kunden zu gewinnen und zu halten. Diese Erfolgskriterien wurden auf DIN-A4-Blätter geschrieben.

Die Haupttrainerin saß in einem Zelt, das gleich neben der Pinnwand stand, und präsentierte das Konzept. Immer wenn ein Stichwort fiel, hielt sie das Blatt mit dem entsprechenden Begriff aus dem Zelt heraus und die Kollegin befestigte es an der Pinnwand, an der bereits einige typische Outdoor-Gegenstände hingen. Sie können sich sicher-

Die Zukunft des Handels

lich vorstellen, wie hoch die Aufmerksamkeit war. Zudem saßen die Teilnehmenden alle auf dem Boden um das Lagerfeuer herum, mit dem dieser Tag begann. Diese intensive Morgenrunde am Feuer ging dann in diese Inszenierung über. Sehr eindrückliche Momente wurden mit wenigen Mitteln – aber mit viel Fantasie – geschaffen.

▶ Mit den schwarzen Schafen sprechen©

Diese Methode wurde von mir entwickelt, um heikle und immer wiederkehrende Themen so anzusprechen, dass sich die gewünschte Wirkung einstellt, ohne dass der moralische »erhobene Zeigefinger« zu spüren ist. Und das geht so: Ein Thema, das normalerweise »Belehrungscharakter« hat, wie zum Beispiel richtige Händehygiene, Arbeitssicherheit oder serviceorientierter Umgang mit den Kunden, wird gegenüber den schwarzen Schafen angesprochen. Da wir in der Regel auf echte Schafe verzichten müssen, werden Zeichnungen dieser netten Tiere auf große Platten gemalt, die man aufstellen kann. Die Trainerin beugt sich zu den Schafen hinunter und spricht mit ihnen. Dabei hält sie stets den Kontakt zu den Teilnehmenden. Ein Dialog sieht ungefähr so aus:

»Hallo und guten Morgen, ich freue mich, dass ihr alle hier seid. Ist es für euch okay, dass wir ›Du‹ sagen? Sonst können wir auch gerne

Mit schwarzen Schafen sprechen®

zum ›Sie‹ übergehen. Okay, ich sehe, dass ihr nickt. Heute geht es um das Thema ›Kundenservice – großgeschrieben‹ … Doch bevor ich starte, muss ich hier eben noch was loswerden. Sorry, das ist nicht für euch, das ist für die schwarzen Schafe, die stehen ja hier … Wartet einen Augenblick, ich bin gleich fertig. (Trainerin blickt auf das schwarze Schaf, das direkt neben ihr steht, und bückt sich hinunter.) Hallo, ihr lieben schwarzen Schafe, ich möchte kurz mit euch reden … Übrigens schön, dass ihr da seid. Nett seht ihr aus. (Blick zu den Teilnehmenden.) Dauert nur noch einen kleinen Moment, ist nicht für euch, ihr wisst das schon. (Blick wieder zum Schaf.) Ihr Lieben, eine Sache ist sehr wichtig. Die Kunden wünschen sich, dass ihr intensiv nachfragt, warum genau sie bei Reklamationen anrufen. Lieber einmal mehr fragen, was sie meinen, und am Ende zusammenfassen, was sie gesagt haben, und ihnen das mitteilen. Das kennt ihr schon, darüber haben wir oft gesprochen, oder? Also, ihr Lieben, ganz wichtig: gut zuhören, nachfragen und am Ende verständnisvoll zusammenfassen! Gibt es noch Fragen dazu? Nein, dann könnt ihr euch zu den anderen setzen … (Blick zurück zu den Teilnehmenden.) Sorry, jetzt bin ich fertig.«

Sie merken sicherlich: Die Kunst liegt in der Form des Monologes – denn das ist diese Inszenierung ja letztendlich.

▶ Die Kekse meiner Kindheit

Die Trainerin sitzt vor der Gruppe, die einen Halbkreis bildet, vor ihr liegt ein einfarbiges Tuch auf dem Boden, darauf eine kleine Metalldose, die mit Steinen gefüllt ist. Auf dem Stoff liegt außerdem ein Blatt Papier mit konzentrischen Ringen. Dann beginnt sie zu sprechen: »Die Kekse meiner Kindheit … nie war ich gut genug. Die anderen waren schneller, klüger … Bleib still … bleib sitzen … Mädchen, die pfeifen, und Hähnen, die krähen, soll man beizeiten den Hals umdrehen … Leiste erst mal was …« Während sie spricht, lässt die Trainerin Stein für Stein in die Mitte der kleinen Stoffinsel fallen. Diese Sequenz sorgt für einen sehr eindrücklichen Moment, der unvergessen bleibt. Sie ist von einer Teilnehmerin meiner Trainerausbildung als Meisterstück entwickelt worden.

▶ Schichten

Hier geht es um die unterschiedlichen Masken, die wir alle im Alltag tragen. Die Teilnehmenden sind nach der Pause bereits wieder im Raum und warten auf die Trainerin. Diese kommt plötzlich hinter der

Pinnwand hervor und zeigt ein ungewohntes Bild: Sie hat alle Mäntel und Jacken der Teilnehmenden übereinander angezogen und kann sich kaum bewegen. Dadurch fehlt ihr auch der Kontakt zu den Menschen. Sie läuft herum wie ein kleiner Brummkreisel und bittet die Teilnehmenden, ihr beim Ablegen der Jacken zu helfen – Schicht für Schicht. Mit jeder Jacke weniger kann sie, auch körpersprachlich, wieder mehr kommunizieren. Am Ende steht sie ohne Jacken da und ist bereit, sich weitaus mehr zu zeigen und zu öffnen. Diese Inszenierung wirkt besonders deutlich, weil das Vorher-Nachher-Bild so augenfällig ist. Und auch sie ist von einer meiner Teilnehmerinnen entwickelt worden.

▶ The Walk

Diese interaktive, multisensorische Installation wird eigens zum Thema der Veranstaltung inszeniert. In extra errichteten Korridoren wird auf vielfältigste Weise Material zum Thema gezeigt. Es gibt Lernplakate, Collagen aller Art, Applikationen mit Materialien, gesprochene Texte und Filme oder kleine Standbilder und Szenen. Nachdem dieser »Walk« von der Trainerin und / oder ihrem Team aufgebaut wurde, können die Teilnehmenden und Besucher allein oder in Kleingruppen hindurchgehen. Dieses Ereignis spricht alle Sinne an und setzt diverse

The Walk

inhaltsbezogene Anker und Eindrücke, die allesamt dazu dienen, das Thema abzubilden. Diese Methode kann auf einer Tagung oder bei einem Incentive ein absolutes Highlight sein. Sie ist allerdings sehr aufwendig und kann nicht »mal eben« gemacht werden. Es braucht schon eine intensive gedankliche Auseinandersetzung mit dem Inhalt und dessen unterschiedlicher Aufbereitung.

Konkretes Beispiel eines Mikrotrainings

Im Folgenden möchte ich an einem Beispiel aufzeigen, wie ich die Konzeption von Mikrotrainings umsetze. Das kann auch Ihnen im Unternehmen helfen, eventuell gemeinsam mit dem Trainer die richtigen Inhalte und Methoden für dieses kurze, schnelle und sehr effiziente Format auszuwählen.

Ausgangspunkt meines Beispiels ist die Ideensammlung von Trainerinnen und Trainern für einen Tageskurs zum Thema Kommunikation. Diese Experten verfügen natürlich über ein fundiertes Vorwissen im Bereich Kommunikation. Die folgenden Inhalte würden sie bearbeiten wollen:

- ◆ Definition Kommunikation
- ◆ Sender-Empfänger-Modell
- ◆ Passung Sender-Empfänger-Modell
- ◆ Wesen der Information
- ◆ Körpersprache
- ◆ VAKOG (visuell, auditiv, kinästhetisch, olfaktorisch, gustatorisch)
- ◆ Mensch in der Ganzheit seiner Sinne
- ◆ Vier Ohren / vier Seiten einer Nachricht
- ◆ Gewaltfreie Kommunikation
- ◆ Codierung / Decodierung
- ◆ Kommunikationsstörungen
- ◆ Kontext
- ◆ Ich-Botschaft / Du-Botschaft
- ◆ Aktives Zuhören
- ◆ Axiome von Watzlawick
- ◆ Fragen: Sinn und Nutzen
- ◆ Eisbergmodell

- Selektives Zuhören
- Formen von Kommunikation
- Face to face, Telefon, Facebook etc.
- Notfallsituationen

Wenn ich diese Aufzählung in Vorträgen vorstelle, muss ich immer wieder selbst lachen – wie sollen alle diese Inhalte in einer Tagesveranstaltung aufbereitet, gelehrt, verstanden und wirklich erlernt werden, sodass er zum jeweiligen Arbeitsalltag passt? Das ist – wenn wir ein hochwertiges Training gestalten wollen – schier unmöglich. Wer natürlich alle Inhalte in eine PowerPoint-Präsentation packt, schafft das Ganze schon an einem Tag. Aber das ist, wie Sie wissen, keine Option.

Im **ersten Schritt** gilt es auszuwählen, welche Inhalte wirklich wichtig sind; dafür braucht es eine fundierte Analyse, auf welchem Kompetenzlevel sich die Teilnehmenden befinden. Wenn dieses bekannt ist, nähern wir uns stufenweise dem »Eindampfen« der Inhalte an. Die erste Frage, die dabei hilft, lautet: Welche Inhalte würden Sie in eine Drei-Tages-Veranstaltung hineingeben? Dann bereiten Sie diese entsprechend auf und planen das Seminar.

Die **zweite Frage** lautet: Angenommen, der Auftraggeber kürzt das Seminar von drei Tagen auf einen Tag – welche Inhalte kommen dann in diesen Tag? Nun entwickeln Sie darauf basierend das Seminardesign.

Die **dritte Frage** lautet: Angenommen, der Auftraggeber kürzt das Seminar von einem Tag auf drei Stunden, welche Inhalte würden Sie in dieser kurzen Zeit unbedingt bearbeiten wollen? Stellen Sie diese Inhalte in den Mittelpunkt Ihres Seminars.

Die **vierte Frage** lautet: Angenommen, der Auftraggeber kürzt das Seminar von drei Stunden auf eine, was genau sind die Inhalte, die Sie in dieser Stunde unbedingt bearbeiten möchten? Mit welchem Ergebnis und welchen erreichten Lernzielen sollen die Teilnehmenden aus diesem Seminar – oder besser gesagt aus dieser Stunde – herausgehen?

Bei dieser Vorgehensweise wird Schritt für Schritt der Inhalt komprimiert bzw. der absolute Extrakt aus der Inhaltsfülle gewonnen. Im nachfolgenden Schritt können Sie dann überlegen, welche Inhalte und Aspekte des Themas peripher oder auch im Vorfeld angeregt und aktiviert werden können.

Da es sich um eine Veranstaltung für Menschen mit den üblichen Vorerfahrungen von Erwachsenen handelt, entscheide ich mich unter Berücksichtigung dieses Kompetenzlevels für zwei Inhalte:

- ◆ Das Prinzip von Ich-Botschaft und Du-Botschaft
- ◆ Das konzentrierte Prinzip der Gewaltfreien Kommunikation

Ich habe mich für diese beiden Punkte entschieden, weil ich weiß, dass damit am meisten Anwendungsfelder für den beruflichen Alltag der Teilnehmenden möglich sind. Somit kann ich dem Auftraggeber – also Ihnen – einen hohen Praxistransfer garantieren. Die Punkte bilden meines Erachtens so etwas wie den Kern vieler darauf aufbauender Kommunikationskonzepte, wie zum Beispiel »Feedback geben«. Gerade in den aktiven Phasen, beispielsweise in Rollenspielen, kann an diesen beiden Inhalten sehr gut gearbeitet werden, um auch eine gewisse Homogenität in der Gruppe herzustellen. Diese Kerninhalte eignen sich besonders gut für Seminare für die untere und mittlere Führungsebene. Es ist absoluter Basisstoff, auf den sich in späteren Seminaren gut aufbauen lässt.

Das Tagesseminar

1. Phase: Der Mind Opener

Der Mind Opener soll die Menschen motivieren und positiv für das Thema einnehmen. Manchmal reichen schon drei bis vier Minuten. Ideen dafür:

- ◆ »Das Ei«. In diesem genialen Film von Altmeister Loriot geht es darum, wie weich oder hart nun das Frühstücksei in einem Haushalt gekocht werden sollte – ein wunderbares Beispiel dafür, wie abstrus Kommunikation verlaufen kann.
- ◆ »Einfach nur so sitzen«. Ein ebenfalls sehr starker Film von Loriot, der deutlich macht, wie sehr Menschen aneinander vorbeireden können.
- ◆ Eine Worst-Case-Szene. Zeit: zwei bis drei Minuten.
- ◆ Das Museum. Zeit: acht bis zehn Minuten.
- ◆ Ein Witz. Ein Witz ist natürlich ein sehr starker und merk-wür-diger Einstieg ins Thema. Er bietet die Chance, das Thema quasi um die Ecke zu denken, und löst allein schon durch das Lachen positive Emotionen in der Gruppe und dem Einzelnen aus.
- ◆ Ein Lied. Ein Lied ist ein fantastischer, sehr motivierender und eindrücklicher Einstieg ins Seminar. Man muss sich nur trauen.

Es sollte auf jeden Fall durchklingen, dass dieses Lied eigens für dieses Seminar und diese Zusammenkunft getextet wurde. Und selbstverständlich sollte es sich auf Inhalte des Seminars beziehen.

2. Phase: Inhalte einbringen oder erarbeiten I

Die Inhalte werden entweder durch den Trainer oder die Trainerin auf unterschiedlichste Weise kreativ (und multisensorisch) präsentiert und aufbereitet oder von den Teilnehmenden mit bestimmten Methoden und Vorgehensweisen selbst erarbeitet. Auch hierzu gibt es eine Fülle an Methoden und Möglichkeiten.

◆ Das schlechte Beispiel. Beim Thema »Kommunikation« geht es darum, es »so schlecht wie möglich« aufzubereiten und anschließend in einer Szene vorzustellen. Zeit: abhängig von der Gruppengröße. Bei zwölf bis 16 Teilnehmenden maximal 20 bis 30 Minuten.

◆ Die Bodenpräsentation. In diesem Seminar ist der Inhalt »Der Kern erfolgreicher Kommunikation«. Zeit: acht bis zehn Minuten.

◆ Die TV-Show mit Gast. In diesem Fall wird ein Prominenter zum Thema Kommunikation interviewt. In dieser kurzen Sequenz kann der Kerngedanke einer erfolgreichen Kommunikation oder auch Ich-Botschaft / Du-Botschaft tiefer vorgestellt werden. Zeit: vier bis sechs Minuten.

◆ Best Practice an Teilnehmer-Beispielen. Zeit: etwa sechs bis zwölf Minuten, bei Bedarf mehr.

3. Phase: Inhalte bearbeiten I

Die Teilnehmenden haben in dieser Phase die Chance, die Inhalte für sich selbst noch einmal zu bearbeiten und sich aktiv mit ihnen auseinanderzusetzen. Auch hier stehen den Teilnehmenden und dem Trainer diverse Methoden und Varianten zur Verfügung.

◆ Das schlechte Beispiel. Eventuell gleich ins »Gute Beispiel« umwandeln.

◆ Probehandeln anhand eigener Beispiele. Ein Rollenspiel.

◆ Werbespot. Zeit: fünf bis zehn Minuten Vorbereitungszeit und 90 Sekunden Präsentationszeit, zuzüglich individueller Reflexionszeit.

◆ Das kleine Gesprächsmanifest. Die Teilnehmenden gehen in kleinen Gruppen zusammen und erarbeiten verbindliche Gesprächsregeln für das Miteinander. Diese werden den anderen Gruppen vorgestellt, eventuell unterschrieben etc.

◆ Eine Radiosendung. Die Teilnehmenden agieren als Radio-reporter und besuchen ihren Arbeitsplatz – dort befragen sie ihre Kolleginnen und Kollegen, welche Ideen und Lösungen ihnen zum Thema interne Kommunikation (oder Feedback geben oder nehmen etc.) einfallen. Zeit: individuell.

4. Phase: Inhalte einbringen oder erarbeiten II

Hier können wieder verschiedene Methoden Platz finden, mit deren Hilfe Inhalte vorgestellt oder durch die Teilnehmenden selbst erarbeitet werden.

◆ Schaubild mit Inhalt.

◆ Finthe dähn Fählär.

5. Phase: Vertiefen

Diese Phase widmet sich noch einmal besonders intensiv dem Praxistransfer zum Alltag der Teilnehmenden. Es findet darüber hinaus eine tiefere Verankerung des Themas bei den Teilnehmenden statt und das löst individuelle Erkenntnisse aus.

◆ Ein Quiz. Ein Quiz ist selbsterklärend, dafür gibt es Hunderte von Beispielen und je nach Zeitressource wählen Sie das entsprechende Quiz aus. Oft gilt die Regel: je interaktiver – desto besser.

◆ Der Brief an mich selbst. Die Teilnehmenden schreiben einen Brief an sich selbst, in dem sie ihre persönlichen Vorhaben – in diesem Fall verbesserte Verhaltensweisen in der Kommunikation – skizzieren. Sie können über ihre eignen Erfahrungen, Wünsche und Hoffnungen schreiben oder auch festhalten, was sie sich unbedingt merken möchten. Anschließend kleben sie den Brief zu und versehen ihn mit ihrer eigenen Adresse. Der Trainer schickt die Briefe den Teilnehmenden wenige Wochen später per Post zu. Zeit: fünf bis zehn Minuten.

◆ Die Casting-Show. In diesem Fall wird eine Casting-Show inszeniert, bei der sich die Teilnehmenden als »Kommunikations-Stars« präsentieren. Zeit: 20 bis 40 Minuten.

- Die Fürsprecherrunde: In diesem Fall tauschen sich zwei Teilnehmer darüber aus, wie sie Gespräche zukünftig noch besser führen können. Es geht auch darum, wie sie in Sachen Kommunikation konkret mutiger und ehrlicher agieren wollen. Nach der geschützten Austauschrunde geht es in eine Art offenen Zirkel, bei dem alle im Kreis sitzen. Einer der beiden stellt sich hinter seinen Gesprächspartner und spricht für ihn – und dann umgekehrt. Ermutigung und Fürsprache sind die entscheidenden Aspekte bei dieser Methode. Je nachdem, wie ehrlich und wertschätzend sie angeleitet wird, kann das einen sehr verbindlichen Charakter haben.

6. Phase: Emotional verankern

Nun geht es in Richtung Abschied. Ein starker emotionaler Moment lässt den Seminartag intensiv und positiv zu Ende gehen.

- Bildkartenrunde. Zeit: ca. acht bis 15 Minuten.
- Ein Lied.
- Das Lagerfeuer.

Wie lässt sich aus diesem Tagesseminar nun ein Lernevent von einer Stunde machen? Hier kommt ein Vorschlag.

Der einstündige Workshop

1. Phase: Vor dem Training

Die Teilnehmenden bekommen im Vorfeld ausgewählte E-Learning-Mikrotrainings. Das macht das Ganze zu einem Blended-Learning-Konzept. Wenn das Vorschalten kleiner E-Learning-Einheiten aus irgendeinem Grund nicht möglich ist – weil Sie zum Beispiel als Unternehmen noch nicht entsprechend weit sind –, dann sollten Sie für ein möglichst homogenes Kompetenzlevel der Teilnehmenden sorgen. Nun können alle gemeinsam auf demselben Level starten.

2. Phase: Der Mind Opener

Bei einem so kurzen Workshop ist der Mind Opener besonders wichtig, denn er bereitet die Teilnehmenden speziell auf der affektiven Lernzielebene auf diese kleine Seminareinheit vor.

- Liebes Tagebuch. Zeit: drei bis fünf Minuten.
- Film. Siehe oben.
- Ein Lied. Siehe oben.

3. Phase: Inhalte einbringen oder erarbeiten lassen

- Best Practice durch die Trainerin. Die Trainerin zeigt anhand von Beispielen der Teilnehmenden, wie der Extrakt von Kommunikation wirklich gelebt werden kann. Zeit: fünf bis zehn Minuten.
- Die Wäscheleine. In diesem Fall wird der Extrakt gelingender Kommunikation präsentiert. Zeit: sechs bis acht Minuten.

4. Phase: Inhalte bearbeiten

- Fallbeispiele bearbeiten. Je nach Kompetenzlevel der Teilnehmenden können diese auch vorgegebene Fallbeispiele bearbeiten. Hier können sie praktisch anwenden, was sie bisher gelernt haben. Zeit: zehn bis 20 Minuten.
- Die TV-Show. Hier können die Teilnehmenden zum Beispiel den Kerngedanken oder das Wesen gelingender Kommunikation in einer entsprechenden Fernsehsendung zeigen. Dies ist oft sehr humorvoll, kreativ und im besten Sinne merk-würdig. Zeit: acht bis 15 Minuten.

5. Phase: Vertiefen

- Mini-Quiz.
- Finthe dähn Fählär.

6. Phase: Emotional verankern

- Bild-Zeitungs-Schlagzeile. Zeit: drei bis vier Minuten.

7. Phase: Nachbereitung

Auch hier kommen wieder kleine E-Learning-Einheiten oder Lern-Apps zum Einsatz.

- Wissen auffrischen. Dazu gibt es verschiedene Quizspiele oder Multiple-Choice-Fragen.
- Ein Wissenstrailer. Animierte Videos bieten sich nicht nur für die Wissensvermittlung im Vorfeld an, sondern auch hinterher. Hier kann das Training (und damit die Keywords) noch einmal zusammengefasst werden. Alternativ: Finthe dähn Fählär.

- Video-Role-Play-Einheiten. Hier filmen die Teilnehmenden Gesprächssituationen und senden sie an den Trainer.
- Eins-zu-eins-Coaching in der Lernpartnerschaft. Diese wurde vorher festgelegt.
- Lern-App. Es ist zum Beispiel eine spezifische Wochenaufgabe zu lösen.
- Fotoprotokoll. Die Teilnehmenden erarbeiten ein eigenes Fotoprotokoll und stellen es in den Gruppenchat.

Es heißt ja nicht umsonst »In der Kürze liegt die Würze« – zielgerichtete, knappe und passend zugeschnittene Seminare und Webinare ergänzen die neue Arbeitswelt durch ihre Flexibilität und Individualität. Das ist ein Geschenk.

Konkretes Beispiel eines Präsenztrainings

Auf den folgenden Seiten finden Sie nun ein »echtes« Trainingsbeispiel aus dem Unternehmenskontext. Eine Projektleiterin hat die Aufgabe, deutschlandweit eine Schulungsreihe zum Thema »Gesetzliche Grundlagen in der Gastronomie« und »Sozialkonzept in der Gastronomie« zu halten. Dieses Thema wurde bisher ausschließlich staubtrocken und mit erhobenem Zeigefinger vermittelt. Das soll nun anders werden.

Uhrzeit	Dauer	Phase	Ziel	Inhalt
Vor dem Seminar		Mind Opener	Teilnehmende (TN) kommen an.	Willkommen zur Gesetzesschulung
11:00	5 Minuten	Mind Opener	TN erkennen, wie unange-nehm es ist, etwas einfach auf die Schnelle zu unterschrei-ben.	Essensliste und Seminarregeln
11:05	3 Minuten	Mind Opener	TN die Angst nehmen	Das Thema: Die Unterlagen, die an die Gastwirte und Spielstättenbetreiber aus-gehändigt werden, werden nicht gelesen.
11:08	5 Minuten	Mind Opener	TN motivieren und die Lust an der Schulung wecken	1. Sprechen wir tatsächlich heute den ganzen Tag über Gesetze? 2. Ist das nicht total langweilig? 3. Was hat es mit den Kotztüten auf sich? (Anmerkung: Diese stehen unter den Stühlen.)
11:13	10 Minuten	Inhalt	TN sind motiviert, den Gesetzesordner als positiv anzuerkennen.	Inhalte des Ordners

Methode	Anmerkungen
Das »Willkommen« wird draußen vor der Tür direkt ausgesprochen. Keine explizite Methode – einfaches Ankommen	Vor dem Seminarraum läuft Musik, es herrscht eine beschwingte, fröhliche Atmosphäre. Der Trainer hält sich ebenfalls draußen vor der Tür auf. Die Tür zum Seminarraum ist noch geschlossen.
Schriftliche Verpflichtungserklärung: Der Trainer steht an der Tür und lässt die Teilnehmenden erst herein, wenn sie die entsprechenden Dokumente unterschrieben haben.	Essensliste, Seminarregeln, Verpflichtungs-erklärung zum Sozialkonzept werden vorge-stellt und unterschrieben. Wenn die TN die entsprechenden Unter-lagen unterschrieben haben, gehen sie in den Seminarraum und setzen sich auf einen Sitzplatz an einem der Tische, die in U-Form stehen.
Mit den schwarzen Schafen sprechen© Die schwarzen Schafe werden darauf ange-sprochen, dass sie zukünftig die Inhalte des Gesetzesordners kennen müssen.	Trainer spricht mit den schwarzen Schafen.
Fragen unter den Stühlen Unter den Stühlen kleben kleine Moderations-karten. Diese wurden vor dem Seminar dort befestigt und sind nummeriert. Der Trainer fordert die TN auf, unter den Stuhl zu schauen, die Karte zu nehmen und die Fragen dann in der richtigen Reihenfolge zu stellen. Der Trainer antwortet darauf. Diese Methode ist sehr augenöffnend, denn die Fragen können die Aufmerksamkeit ganz bewusst auf etwas Bestimmtes lenken.	**Die Antworten des Trainers** 1. Nein, auch über den Alltag mit diesen Gesetzen. 2. Kommt darauf an – heute eher nicht. 3. Die sind symbolisch, weil so viele Menschen denken, das Thema Glücksspielstaatsvertrag & Co ist langweilig bzw. zum Kotzen.
Verkaufsshow Trainer inszeniert eine Verkaufsshow, in der der Gesetzesordner verkauft wird. Die Show ist extrem plakativ, positiv-motivierend und humorvoll übertrieben. Dabei werden die zentralen Inhalte und Vorteile des Ordners vorgestellt.	**Themen der Show** – Der Ordner gibt Sicherheit. – Er ist übersichtlich. – Er ist voller Informationen. – Gesetze zum Anfassen. – Passt in jeden Schrank.

Uhrzeit	Dauer	Phase	Ziel	Inhalt
11:23	2 Minuten	Mini-Input	Aufmerksamkeit wecken	Telefonanruf vom Geschäftsführer – soll spontan wirken.
11:25	5 Minuten	Inhalt	TN verstehen die Wichtigkeit.	Geschäftsführer – also Spielstättenbesitzer – sitzt im Gefängnis.
11:30	20 Minuten	Inhalt	TN lernen die Gesetze kennen bzw. Vertiefung der Gesetze.	die wichtigsten allgemeinen, d. h. bundesweit gültigen gesetzlichen Vorschriften
11:50	30 Minuten	Inhalt	Wiederholung des erlernten Wissens	die wichtigsten gesetzlichen Vorschriften
12:20	10 Minuten	Feedback	TN können erste Rückmeldung zu dem Seminar geben.	Wie ist es bisher für Sie, hier zu sein und das Thema zu bearbeiten?
12:30	45 Minuten	Mittags-pause	Entspannung und Austausch	Essen

Methode	Anmerkungen
Kleine Intervention Der Trainer bekommt mitten im Geschehen einen – gefakten – Anruf. Ein Geschäftsführer ruft ihn an und erzählt dem Trainer, wie überflüssig und nervig er diesen dicken Gesetzesordner findet. Der Trainer sagt ein paar Worte, er tut das eher beschwichtigend, aber auch motivierend. Er nennt ganz klar die Nutzenargumente.	Handy
»Knacki TV« Die TV-Show hier am Beispiel einer »Knacki TV«-Sendung. Regelmäßig werden Insassen im Gefängnis besucht und es wird über ihre Tat und ihre späteren Erkenntnisse berichtet. In diesem Fell berichtet ein inhaftierter Spielstättenbesitzer, wie sehr er es bereut, dass er sich nicht vorher um den wertvollen Inhalt des Gesetzesordners gekümmert hat.	Film, PC, Beamer, Lautsprecher Der Trainer ist der Häftling; er sitzt in der Zelle und spricht in eine Kamera.
Tischpräsentation Die Inhalte werden auf Karten geschrieben und mit Symbolen zusammen Stück für Stück auf dem Tisch ausgebreitet. Falls der Tisch zu klein ist, geht das auch auf dem Boden.	Karten in einfacher Sprache
»Der Große Preis« Die Teilnehmer gehen in Kleingruppen zusammen und beantworten die Fragen in Teams.	Meta-Planwand, Nadeln, Karten für den Großen Preis
Blitzlicht	Sprechgegenstand, Gesetzesbuch

Uhrzeit	Dauer	Phase	Ziel	Inhalt
13:15	10 Minuten	Bearbeitung	TN erkennen, wie kompliziert Gesetzestexte sind.	Aufgabenerklärung mit Unterstützung eines Flips zum Nachlesen
13:25	30 Minuten	Bearbeitung	TN erarbeiten Unterschiede in den Landesgesetzen.	Bitte arbeiten Sie die Gesetze nach folgenden Themen durch: – Regelungen zum Sozialkonzept – Regelungen zu den Schulungen – Regelungen zu den Öffnungszeiten
13:55	15 Minuten	Ergebnispräsentation	TN bringen sich aktiv ein und erklären die Gesetze in ihren eigenen Worten.	TN präsentieren ihre Ergebnisse.
14:10	10 Minuten	Raum für Rückfragen	TN können Verständnisfragen stellen.	Welche Fragen haben Sie?
14:20	15 Minuten	Inhaltsbearbeitung	TN lernen die Inhalte des Jugendschutzgesetzes (JuSchG) kennen.	Alkohol, Tabak und Sonstiges
14:35	15 Minuten	Inhaltsbearbeitung	TN lernen die Inhalte des JuSchG kennen.	ausgewählte Aspekte des JuSchG, die für die Spielstättenbranche relevant sind

Methode	Anmerkungen
mündlich mit Flipchart	Flipchart, Gesetze, Bundeslandkarten, Moderationskarten, Eddings, Gimmicks für die Gruppeneinteilung
Kleingruppenarbeit	Gesetze, Bundeslandkarten, Moderationskarten, Eddings
Präsentation mittels **TV-Show**	erarbeitete Ergebnisse, Nadeln, Metaplanwand, Stoffe etc.
offene Fragerunde, mündlich	
Museum Es wird ein Museum zu den unterschiedlichen Aspekten des JuSchG aufgebaut. (Dies geschieht durch den Trainer in der Mittagspause.) Der Trainer führt die TN durch das Museum und stellt die verschiedenen Exponate vor.	Bier, Schnaps, Sekt und Wein, Zigaretten, Sisha etc.; kleine Karten mit Titeln und Stichworten zur Erläuterung
Lust der Pinnwand Bei dieser Methode werden die Inhalte mitsamt des entsprechenden Materials an einer oder mehreren Pinnwänden angebracht. Die Methode lebt davon, dass Inhalte und Material möglichst interessant zusammengestellt werden. Das Material wird in diesem Fall vor dem Training an der Pinnwand befestigt, im Training selbst wird es dann präsentiert.	Fotos aus der Gastronomie, Geldausgabeautomat, Hochzeitsurkunde, Ausweis, Krankenkassenkarte etc.

Uhrzeit	Dauer	Phase	Ziel	Inhalt
14.50	20 Minuten	Kaffee-pause	Entspannung und Austausch	Kaffee und Kuchen
15:10	15 Minuten	Inhalt	TN lernen die Sonderfälle im JuSchG kennen.	Sonderfälle für die Gastronomie Können Sie sich auch Sonderfälle vorstellen, bei denen ein Jugendlicher bestimmte Dinge doch darf?
15:25	15 Minuten	Wieder-holung	TN vertiefen noch einmal alles Erlernte zum Thema JuSchG.	
15.40	15 Minuten	Wieder-holung	TN schauen noch einmal alle Gesetze an.	alle bisher erarbeiteten Punkte zum Thema
15.55	10 Minuten	Raum für Rück-fragen	TN können Verständnisfragen stellen.	Welche Fragen haben Sie?
16:05	20 Minuten	Bearbei-tung	TN erstellen Punkte für eine Checkliste für die tägliche Arbeit.	Aufgabenerklärung mit Unterstützung eines Flipcharts zum Nachlesen
16:25	10 Minuten	Ergebnis-präsenta-tion	TN stellen ihre Punkte für die Checkliste vor.	die erarbeiteten Ergebnisse
16:35	15 Minuten	Bearbei-tung	Ausschluss von Doppelungen, ggf. Erläuterung der Begriffe für ein gemeinsames Verständnis der genannten Punkte	Welche Doppelungen gibt es? Was genau ist mit dieser Karte gemeint? Können die genannten Begriffe in Kategorien eingeteilt werden oder ist dies aus Ihrer Sicht nicht erforderlich?

Methode	Anmerkungen
TV-Show oder **»Markus Lanz«**	Moderationskarten, die Tischpräsentation und die Pinnwand mit allen Ergebnissen
Rasender Reporter (Kurzquiz)	Fragebogen
Vernissage	Moderationskarten, Informationen auf Papier, Bilder und Fotos, symbolhaftes Material, Material der Tischpräsentation etc.
mündlich	
mündlich mit Flipchart	Flipchart, Moderationskarten, Eddings, Gimmicks für die Gruppeneinteilung
Präsentation an der Metaplanwand, je Gruppe max. zwei Minuten Präsentationszeit	erarbeitete Ergebnisse, Nadeln, Metaplanwand
mündlich mit Flipchart	erarbeitete Ergebnisse, Nadeln, Metaplanwand

Uhrzeit	Dauer	Phase	Ziel	Inhalt
16:50	5 Minuten	Raum für Rückfragen	TN können Verständnisfragen stellen.	Welche Fragen haben Sie?
16:55	10 Minuten	Feedback	TN können den Tag noch einmal reflektieren.	Was hat Ihnen gut gefallen? Was wünschen Sie sich anders?
17:05	5 Minuten	Verabschiedung	TN beenden den Tag für sich.	ggf. kurzer Ausblick, der wieder Lust auf mehr macht!
17:10		Ende der Veranstaltung		

Methode	Anmerkungen
mündlich	
mündlich	Sprechgegenstand
mündlich	Flipchart oder Pinnwand oder Eintrittskarte für das Museum

Quellen und Anmerkungen

1 Gerald Hüther zu Gast im MDR KULTUR-Café, https://www.mdr.
  de/kultur/gerald-huether-interview-100.html?fbclid=IwAR2e2ZQ
  8AA88i33hfnrfSKXzGZ9H1pgs_YoxSKpfCxMIDhyr8nLv3ke7_LU
  (Download am 05.01.2019)
2 Messer, Barbara: »Führung kommt von Selbstführung«. In:
  GABAL Impulse für wirksame Führung. Jünger Medien Verlag,
  Offenbach 2017, S. 145
3 Gerald Hüther im MDR KULTUR-Café, https://www.mdr.de/
  kultur/gerald-huether-interview-100.html?fbclid=IwAR2e2ZQ8A
  A88i33hfnrfSKXzGZ9H1pgs_YoxSKpfCxMIDhyr8nLv3ke7_LU
  (Download am 05.01.2019)
4 sla: news. In: managerSeminare, Heft 253, April 2019,
  S. 10
5 https://wohlfühl-yoga.de/ (Download am 24.04.2019)
6 Pichler, Martin: »Es gibt eine Renaissance des Präsenztrainings«.
  In: Wirtschaft & Weiterbildung, Heft 03/2019, S. 37
7 Harari, Yuval Noah: 21 Lektionen für das 21. Jahrhundert.
  C.H. Beck, München 2018, S. 345
8 Keese, Christoph: Disrupt yourself. Penguin, München 2018,
  S. 30
9 Zitiert in: Messer, Barbara: »Obama: Veränderung nur in
  kleinen Schritten angehen«. In: Wirtschaft & Weiterbildung,
  Heft 07/08 2018, S. 53
10 Ebenda
11 Ebenda
12 Zitiert in: Fadel, Charles; Bialik, Maya; Trilling, Bernie: Die vier
   Dimensionen der Bildung. Verlag ZLL21 e.V., Hamburg 2017,
   S. 67
13 »Pflege braucht Mitgefühl«. In: Die Schwester / Der Pfleger,
   Heft 06/2016, BibliomedPflege.de, https://www.bibliomed-pflege.
   de/zeitschriften/die-schwester-der-pfleger/heftarchiv/ausgabe/

artikel/sp-6-2016-was-hilft-bei-demenz/23952-pflege-braucht-mitgefuehl/ (Download am 5.01.2019)

14 Fadel, Charles; Bialik, Maya; Trilling, Bernie: Die vier Dimensionen der Bildung. Verlag ZLL21 e.V., Hamburg 2017, S. 151ff.

15 Zitiert in: Roth, Gerhard; Ryba, Alica: Coaching, Beratung und Gehirn. Fachbuch Klett-Cotta, Stuttgart 2016, S. 122

16 map: short cuts. In: managerSeminare, Heft 253, April 2019, S. 8

17 Duve, Karen: Warum die Sache schiefgeht, Galiani, Berlin 2014, S. 22–23

18 Entnommen aus: map. Moderne Führungsmethoden sind beliebt. In: managerSeminare, Heft 253, April 2019, S. 7

19 Nachzulesen bei der Leipzig Graduate School of Management, https://www.hhl.de/de/leipziger-fuehrungsmodell/#Potentiale%20und%20Spannungsfelder (Download am 11.04.2019)

20 Ebenda

21 Ebenda

22 Ebenda

23 Nachzulesen unter: https://www.der-upstalsboom-weg.de/der-upstalsboom-weg/die-geschichte/ (Download am 13.04.2019)

24 Weck, Andreas: »Ein Harvard-Konzept garantiert erfolgreiche Team-Arbeit.« In: Die Welt, 13.05.2018, https://www.welt.de/wirtschaft/webwelt/article176307554/Psychological-Safety-Konzept-So-arbeiten-Sie-erfolgreich-im-Team.html (Download am 17.04.2019)

25 Borgert, Stephanie: Die kranke Organisation. GABAL Verlag, Offenbach 2019, S. 9

26 Bundesministerium für wirtschaftliche Zusammenarbeit und Entwicklung: Die Agenda 2030 für nachhaltige Entwicklung, http://www.bmz.de/de/ministerium/ziele/2030_agenda/index.html?follow=adword (Download am 10.01.2019)

27 Der Begriff kommt vom englischen »Gig« = Auftritt und bezieht sich auf die oft prekäre Lage von Künstlerinnen und Künstlern, die sich mit vielen kleinen Auftritten über Wasser halten müssen.

28 Zahlen vom ATD European Summit, zitiert in: Messer, Barbara; Oßwald, Nicola: Training in der Gig Economy. In: Trainingaktuell, Ausgabe 12/2018, S. 7–8

29 Hüther, Gerald; Spannbauer, Christa: Connectedness. Hans Huber, Bonn 2012, S. 26

30 Messer, Barbara; Oßwald, Nicola: Training in der Gig Economy. In: Trainingaktuell, Ausgabe 12/2018, S. 7–8

31 Nachzulesen hier: https://de.wikipedia.org/wiki/Working_out_loud (Download am 26.05.2019)

32 Angelehnt an: https://de.wikipedia.org/wiki/Lernende_Organisation (Download am 19.04.2019)

33 https://www.toptools4learning.com/home/ (Download am 09.02.2019)

34 Bußmann, Nicole: Learntec 2019: Neue Tools und alte Fragen. In: https://www.managerseminare.de/blog/learntec-2019-neue-tools-und-alte-fragen/2019/02 (Download am 10.02.2019)

35 Bundesministerium für Bildung und Forschung: Der DigitalPakt Schule kommt, https://www.bildung-forschung.digital/de/der-digitalpakt-schule-kommt-2330.html (Download am 09.02.2019)

36 Reimann, Sascha: Lernen lieben lernen. In: Trainingaktuell, Ausgabe 01/2019, S. 6

37 sla: news. In: managerSeminare, Heft 253, April 2019, S. 10

38 Zitiert in: Messer, Barbara: Inhalte merk-würdig vermitteln. Beltz Verlag, Weinheim und Basel 2016, S. 262

39 Angelehnt an: https://de.wikipedia.org/wiki/Kompetenzstufen-entwicklung (Download am 21.01.2019)

40 O'Connor, Joseph; Seymour, John: Neurolinguistisches Programmieren: Gelungene Kommunikation und persönliche Entfaltung. VAK Verlag für Angewandte Kinesiologie, Freiburg im Breisgau 1995, S. 33

41 Angelehnt an: https://de.wikipedia.org/wiki/Dunning-Kruger-Effekt (Download am 21.01.2019)

42 Arnold, Rolf: Wie man lehrt, ohne zu belehren. Carl Auer Verlag, Heidelberg 2015, S. 36–37

43 Roth, Gerhard: Persönlichkeit, Entscheidung und Verhalten. 12. Auflage, Klett-Cotta, Stuttgart 2017, S. 114

44 Roth, Gerhard; Ryba, Alicia: Coaching, Beratung und Gehirn. Klett-Cotta, Stuttgart 2016, S. 201

45 A. a. O., S. 201–202

46 Roth, Gerhard: Persönlichkeit, Entscheidung und Verhalten. Klett-Cotta, Stuttgart 2017, S. 117–118

47 A. a. O., S. 119

48 Ebenda

49 A.a.O., S. 120–121

50 A.a.O., S. 354

51 A.a.O., S. 364

52 A.a.O., S. 369

53 Roth, Gerhard; Ryba, Alica: Coaching, Beratung und Gehirn, Klett-Cotta, Stuttgart 2016, S. 202

54 Arets, Jos; Jennings, Charles; Heijnen, Vivian (70:20:10 Institute): What is the 70:20:10 model? https://702010institute.com/702010-model/ (Download am 09.02.2019)

55 http://zitate.net/andr%C3%A9-gide-zitate (Download am 24.04.2019)

56 Kühn, Gernot; Marx, Martin: »Learning out Loud«. In: managerSeminare, Heft 249, Dezember 2018, S. 73

57 Brand, Markus; Ion, Frauke; Wittig, Sonja: Handbuch der Persönlichkeitsanalysen. 2. Auflage, GABAL Verlag, Offenbach 2016, S. 33

58 Bauer, Joachim in: Hütter, Franz; Lang, Sandra Mareike: Neurodidaktik für Trainer. managerSeminare Verlags GmbH, Bonn 2017, S. 123

59 Angelehnt an: Messer, Barbara: Inhalte merk-würdig vermitteln. Beltz Verlag, Weinheim und Basel 2016, S. 142–143

60 Messer, Barbara: Ungewöhnliche Trainingspfade betreten. managerSeminare Verlags GmbH, Bonn 2014, S. 247

61 A.a.O., S. 255

62 Nachzulesen hier: https://wikipedia.org/Konsistenztheorie_von_Klaus_Grawe (Download am 01.07.2019)

63 Messer, Barbara: Neurowissenschaft trifft Weiterbildung. In: Reiter, Hanspeter (Hrsg.): Handbuch Hirnforschung und Weiterbildung. Beltz Verlag, Weinheim, Basel 2017, S. 195

64 Ebenda

65 A.a.O., S. 190–197

66 Messer, Barbara: Ungewöhnliche Trainingspfade betreten. managerSeminare Verlags GmbH, Bonn 2014, S. 239

67 Vortragsmitschriften beim GABAL Herbsttag am 28.10.2018 und bei der Learntec-Messe in Karlsruhe, Januar 2019

68 Messer, Barbara: Ungewöhnliches Coaching an ungewöhnlichen Orten. Beltz Verlag, Weinheim und Basel 2017, S. 200

69 Benner, Patricia: Stufen zur Pflegekompetenz. Hans Huber, Bern 1995, S. 35

70 Nach: Kindermann, Marco: Trainerkompetenzen als Gradmesser der Leistungsbeurteilung, http://www.zk-gmbh.de/index.php/ news-detail/trainer-kompetenzen-als-gradmesser-der-leistungs- beurteilung.html. (Download am 03.02.2019)

71 Meier-Gantenbein, Karl F.; Späth, Thomas: Handbuch Bildung, Training und Beratung. Beltz Verlag, Weinheim und Basel 2012, S. 57

72 Angelehnt an: Dilts, Robert; DeLozier, Judith; Bacon Dilts, Deborah: NLP II die neue Generation. Jungfermann Verlag, Paderborn 2013, S. 333

73 Zitiert in: Gila, Antara: Richte Dich auf. Selbstverlag, Songrise Music, Ingleston House. The Terrace, Chale 2004, S. 12

74 https://natune.net/zitate/zitat/5821 (Download am 07.01.2019)

75 Angelehnt an: Hentry, Mirja; Freihaut, Alexander; Rosomm, Dirk: Die Blended-Learning Fibel. By eLearning Manufaktur, Düsseldorf 2019, S. 48–49

76 Angelehnt an: Messer, Barbara: Inhalte merk-würdig vermitteln. Beltz Verlag, Weinheim und Basel 2016, S. 90–91

77 https://www.zitate.de/autor/Lorenz%2C+Konrad (Download am 24.04.2019)

Literatur

Arnold, Rolf: Wie man führt, ohne zu dominieren. 3. Auflage, Carl Auer Verlag, Heidelberg 2015

Besser, Ralf: Interventionen, die etwas bewegen. Beltz Verlag, Weinheim, Basel 2010

Besser, Ralf: Transfer: Damit Seminare Früchte tragen. Beltz Verlag, Weinheim, Basel 2002

Borgert, Stephanie: Die Irrtümer der Komplexität. GABAL Verlag, Offenbach 2015

Emcke, Carolin: Von den Kriegen. 2. Auflage, S. Fischer, Frankfurt a. M. 2016

Ericsson, K. Anders; Pool, Robert: TOP. Droemer Knaur, München 2016

Hänggi, Marcel: Ausgepowert. Rotpunktverlag, Zürich 2011

Harari, Yuval Noah: Eine kurze Geschichte der Menschheit. Deutsche Verlags Anstalt, München 2013

Hütter, Franz; Lang, Sandra Mareike: Neurodidaktik für Trainer. managerSeminare Verlags GmbH, Bonn 2017

Ischebeck, Katja: Erfolgreiche Trainingskonzepte. GABAL Verlag, Offenbach 2014

Krebs, Andreas; Williams, Paul: Die Illusion der Unbesiegbarkeit. GABAL Verlag, Offenbach 2018

Kresse, Albrecht: Edutrainment. GABAL Verlag, Offenbach 2014

Lipp, Ulrich: 100 Tipps für Training und Seminar. Beltz Verlag, Weinheim, Basel 2008

Malik, Fredmund: Navigieren in Zeiten des Umbruchs. Campus Verlag, Frankfurt a. M. 2015

Malik, Fredmund: Führen Leisten Leben. Campus Verlag, Frankfurt a. M. 2014

Meier-Gantenbein, Karl F.; Späth, Thomas: Handbuch Bildung, Training und Beratung. 2. Auflage, Beltz Verlag, Weinheim, Basel 2012

Mićić, Pero: Die 5 Zukunftsbrillen. GABAL Verlag, Offenbach 2014

Obermann, Christof: Trainingspraxis. Schäffer-Poeschel Verlag, Stuttgart 2009

Prohaska, Sabine: Training in der Praxis. Junfermann Verlag, Paderborn 2017

Reineck, Uwe; Sambeth, Ulrich; Winklhofer, Andreas: Handbuch Führungskompetenzen trainieren. Beltz Verlag, Weinheim, Basel 2009

Schindler, Jörg: Stadt, Land, Überfluss. S. Fischer, Frankfurt a. M. 2014

Schulze-Seeger, Jürgen: Schwarzer Gürtel für Trainer. Beltz Verlag, Weinheim, Basel 2009

Taubert, Greta: Apokalypse jetzt! Eichborn Verlag, Köln 2014

Weidemann, Bernd: Erfolgreiche Kurse und Seminare. 8. Auflage, Beltz Verlag, Weinheim 2011

Weidemann, Bernd: Update für Trainer. managerSeminare Verlags GmbH, Bonn 2011

Danke

Wie könnte es anders sein: Als Erstes danke ich meiner Mutter, die mich zu einem kritischen Menschen erzogen hat. Von ihr und meinem Vater habe ich den Biss, an etwas dranzubleiben, was mich beschäftigt. Meiner Tochter Thea danke ich ebenso, sie ist seit Jahren eine Inspirationsquelle für viele Settings und Methoden.

Ich danke Nicola Oßwald, die mir eine treue, kluge und kritische Begleiterin ist und mit mir viele, viele Trainings und Methoden erlebt und reflektiert hat. Ein großer Dank geht an das Team von Trainity, denn dort diskutieren und erörtern wir meine Thesen stetig, kritisch und lösungsorientiert. Das Gleiche gilt für die vielen Teilnehmerinnen und Teilnehmer, mit denen ich immer wieder an Methoden, Konzepten und Ausbildungen feilen konnte. Dann sind da noch die Kunden mit ihren Projekten, denen meinen Dank gebührt – mit ihnen durfte ich individuelle Trainings- und Bildungskonzepte entwickeln und realisieren.

Ich danke meinen Lehrmeisterinnen und Lehrmeistern, von denen ich lernen durfte, wie lernen sein kann. Allen voran Axel Rachow, der mich ganz früh ermutigt hat, ungewöhnliche Trainingspfade zu betreten. Er war lange mein heimlicher »Mentor«. Meinen Ausbildungstrainern Helga Pfetsch und Stefan Rude; bei ihnen lernte ich die Suggestions- und Desuggestionsarbeit. Meinem Clownslehrer Dieter Bartels, bei dem ich seit meinem 23. Lebensjahr immer wieder gerne lerne. Er hat mich vieles gelehrt, auch die Kunst, einen bewussten Rahmen zu setzen, wahrhaftig zu spielen, präsent und im Jetzt zu sein. Er ist eine meiner großen Schöpfungsquellen für kreative Arbeitsprozesse in Unternehmen. Peter Shub für seinen feinsinnigen und subtilen Humor, der mich in meinen Vorträgen und Seminaren begleitet und oft genug zum Andersdenken angeregt hat. Dem Clown Eduard Neumann für die Erkenntnis, wie wertvoll es ist, in der Wiederholbarkeit eine tiefe Freude zu entwickeln.

Und dann gibt es noch einige andere Menschen, denen ich Danke sagen möchte, denn ohne sie gäbe es dieses Buch nicht: dem Team vom GABAL Verlag, insbesondere Dr. Sandra Krebs und André Jünger, und auch Ursula Rosengart und Andschana Gad – sie alle haben dieses Buch begleitet. Für den Feinschliff an meinen Texten danke ich Mirjam Becker und Sabine Rock. Es war eine tolle, fruchtbare Zusammenarbeit.

Stichwortverzeichnis

Über die Autorin

Barbara Messer, Jahrgang 1962, trainiert und lehrt seit 1996. Sie hat einen Bachelor of Business Administration, ist NLP-Master und NLP-Trainerin, Ausbildungstrainerin und Certified Speaking Professional (CSP). Sie zählt zu den inspirierendsten und kreativsten Trainerinnen und Speakerinnen. In zahlreichen Büchern und Fachartikeln zeigt sie, wie nah sie dem Alltag von Trainings, Coachings und anderen Lern- und Lebenssituationen ist.

Sie bildet international Trainer verschiedener Fachrichtungen aus und begleitet Unternehmen bei der Erstellung von Weiterbildungs- und Tagungskonzepten. Sie ist einzigartig darin, kreative und interessante Präsentationen zu entwickeln und Menschen zu befähigen, selbst spannende Präsentationen zu halten und ihre individuelle Performance weiter zu entfalten.

Als Horizonautin sucht sie sich immer wieder neue Herausforderungen: Sie ging allein zu Fuß über die Alpen, lief den New-York-City-Marathon und andere, lebte ein Jahr als Businessnomadin im Wohnmobil und hört noch lange nicht auf, ihren eigenen Horizont beständig zu erweitern.

www.barbaramesser.de